本書の特色と使い方

　この本は，算数の文章問題と図形問題を集中的に学習できる画期的な問題集です。苦手な人も，さらに力をのばしたい人も，１日１単元ずつ学習すれば30日間でマスターできます。

① 例題と「ポイント」で単元の要点をつかむ

　各単元のはじめには，空所をうめて解く例題と，そのために重要なことがら・公式を簡潔にまとめた「ポイント」をのせています。

② 反復トレーニングで確実に力をつける

　数単元ごとに習熟度確認のための「まとめテスト」を設けています。解けない問題があれば，前の単元にもどって復習しましょう。

③ 自分のレベルに合った学習が可能な進級式

　学年とは別の級別構成(12級〜１級)になっています。「進級テスト」で実力を判定し，選んだ級が難しいと感じた人は前の級にもどり，力のある人はどんどん上の級にチャレンジしましょう。

④ 巻末の「答え」で解き方をくわしく解説

　問題を解き終わったら，巻末の「答え」で答え合わせをしましょう。「とき方」で，特に重要なことがらは「チェックポイント」にまとめてあるので　十分に理解しながら学習を進めることができます。

JN124621

文章題・図形 **8級**

本書に関する最新情報は，当社ホームページにある本書の「サポート情報」をご覧ください。(開設していない場合もございます。)

➡答えは 65 ページ　月　日

1日 角の大きさ (1)

(1) 次の角は何直角か答えなさい。

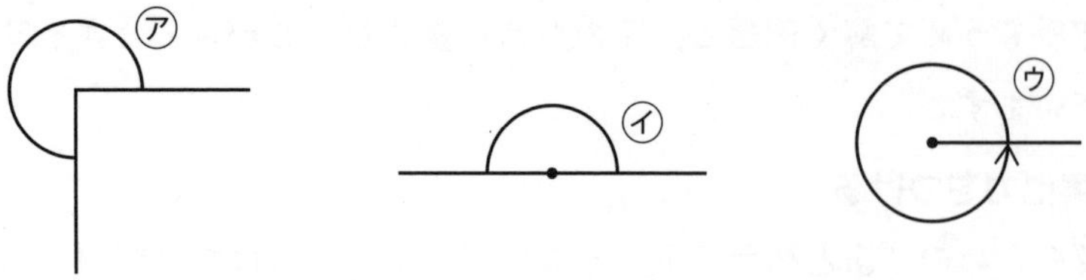

㋐：90°が ①[　　] つあるので，①[　　] 直角になります。

㋑：90°が ②[　　] つあるので，②[　　] 直角になります。

㋒：90°が ③[　　] つあるので，③[　　] 直角になります。

(2) 次の角の大きさを分度器（ぶんどき）ではかりなさい。

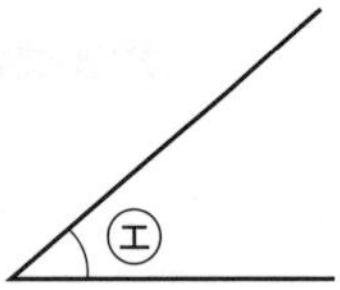

④[　　]

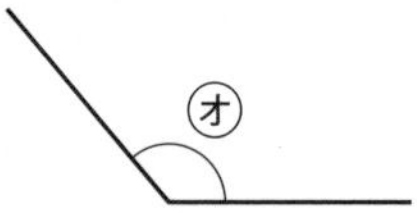

⑤[　　]

㋕：１周の角は 360° なので，右の図の㋖の角を分度器ではかって，360°−⑥[　　]°＝⑦[　　]°

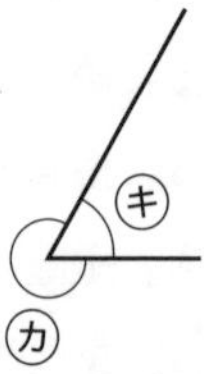

ポイント 分度器の中心と 0° の線を，頂点（ちょうてん）と辺（へん）に合わせて角度をはかります。180° 以上（いじょう）の角度は 360° からのひき算で求（もと）めます。

1 次の角の大きさを分度器ではかりなさい。

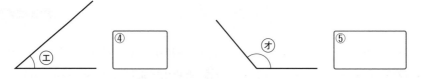

(1)

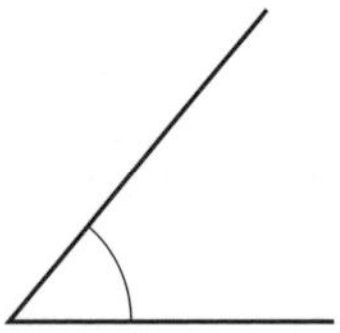

[　　]

(2)

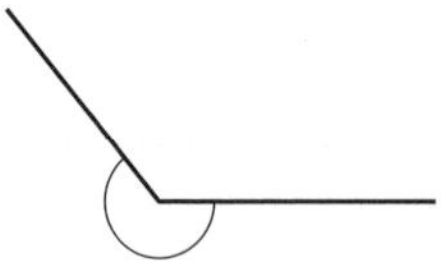

[　　]

[2] 次の角はそれぞれ何度ですか。分度器を使わないで，計算で求めなさい。

(1)

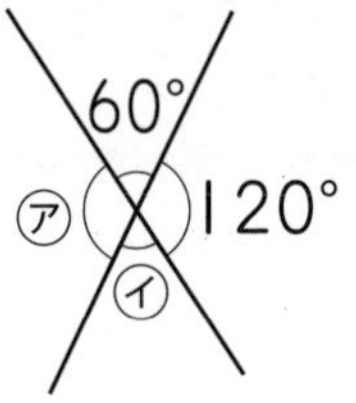
60°
120°
㋐
㋑

(2)

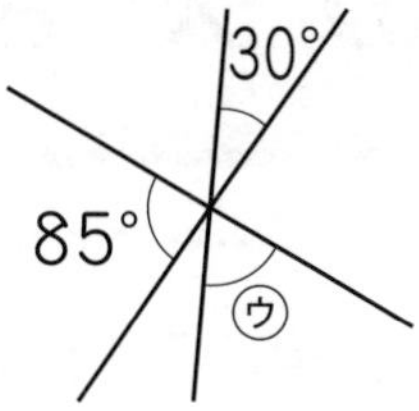
30°
85°
㋒

㋐ ☐　㋑ ☐　㋒ ☐

(3)

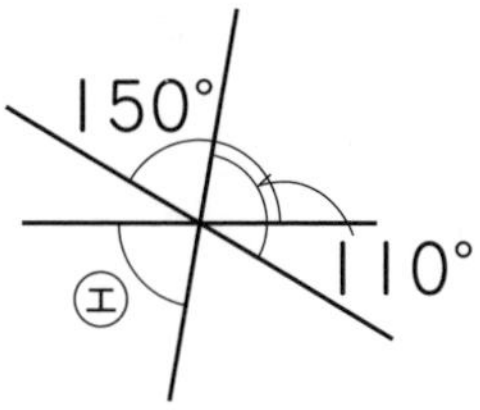
150°
110°
㋓

(4)

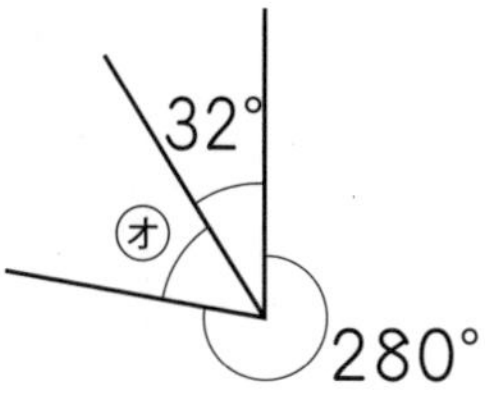
32°
㋔
280°

㋓ ☐　㋔ ☐

(5)

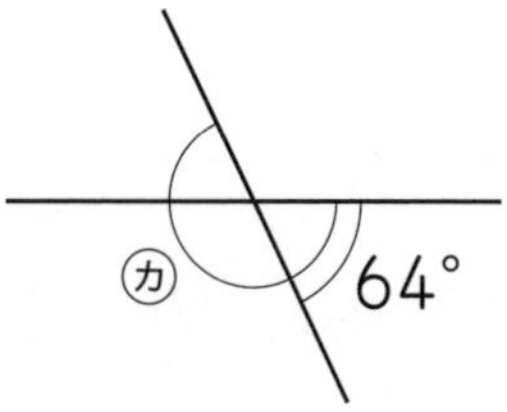
㋕
64°

(6)

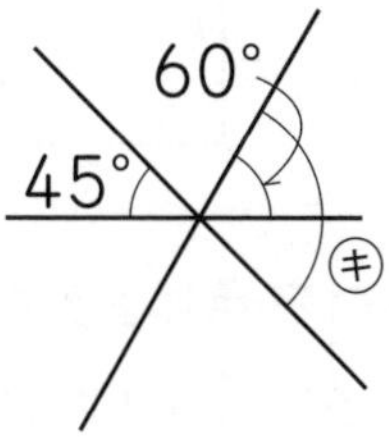
60°
45°
㋖

㋕ ☐　㋖ ☐

[3] 時計の長いはりと短いはりのまわる角の大きさについて，それぞれ求めなさい。

(1) 時計の長いはりが 30 分間にまわる角の大きさ

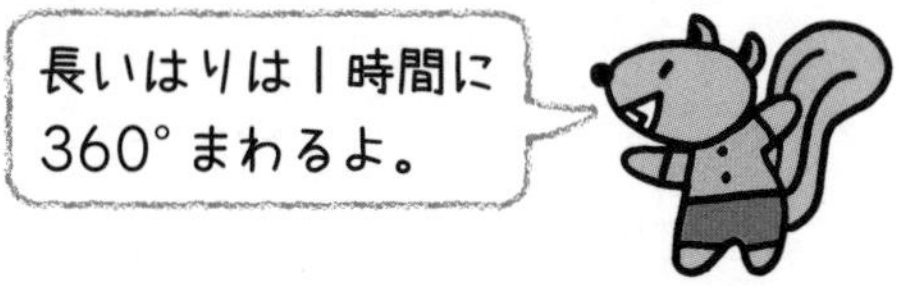
長いはりは｜時間に
360° まわるよ。

☐

(2) 時計の短いはりが５時間にまわる角の大きさ

☐

➡答えは 65 ページ

2日 角の大きさ (2)

右の図のように１組の三角じょうぎを組み合わせました。㋐，㋑の角はそれぞれ何度ですか。分度器(ぶんどき)を使わないで，計算で求(もと)めなさい。

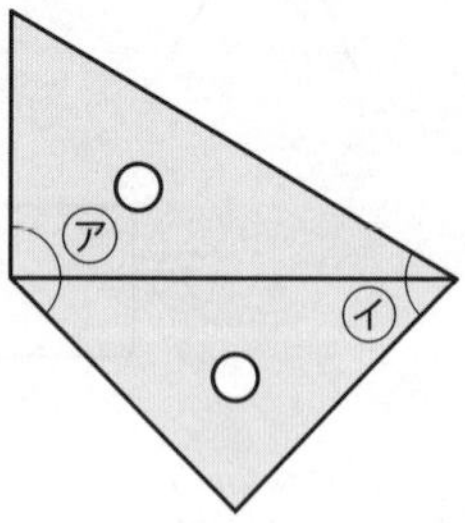

三角じょうぎの角は，下の図のようになります。

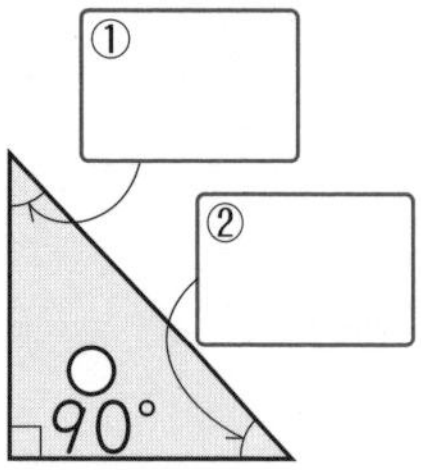

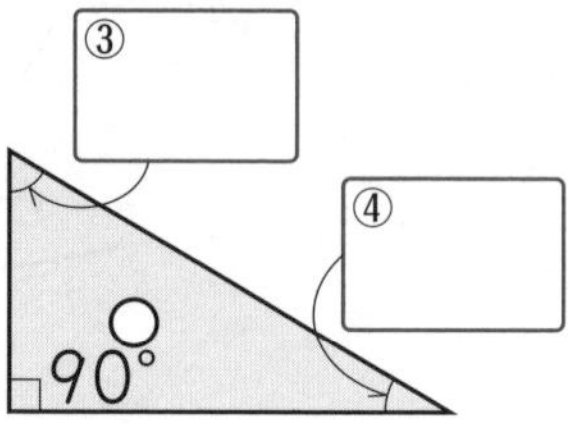

㋐＝90°＋⑤［　　］°＝⑥［　　］°

㋑＝30°＋⑦［　　］°＝⑧［　　］°

ポイント １組の三角じょうぎのそれぞれの角は，45°，45°，90°と30°，60°，90°になっています。

1 (1) ３つの角の大きさが 50°，60°，70° の三角形をかきなさい。

(2) ２つの辺の長さが３cm と４cm で，その間の角の大きさが 90° の直角三角形をかきなさい。

2 次の図のように１組の三角じょうぎを組み合わせました。㋐，㋑の角はそれぞれ何度ですか。分度器を使わないで，計算で求めなさい。

(1)

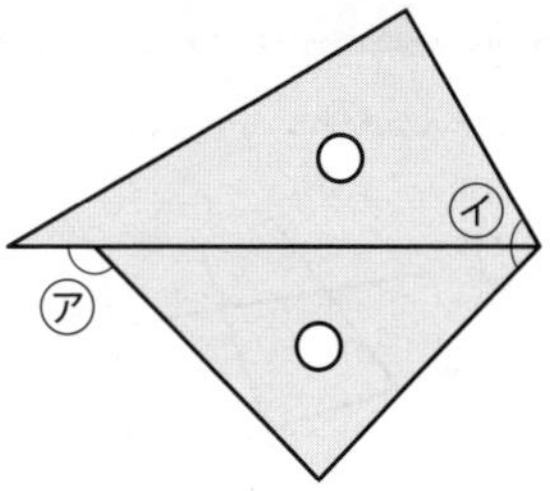
㋑
㋐

(2)

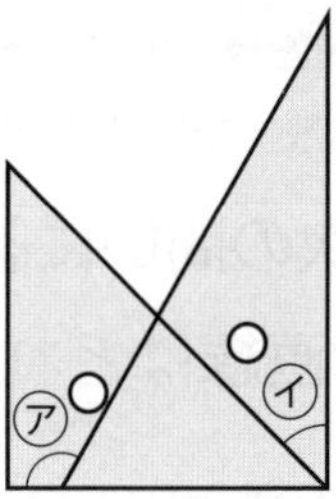
㋐
㋑

(1) ㋐ ㋑

(2) ㋐ ㋑

(3)

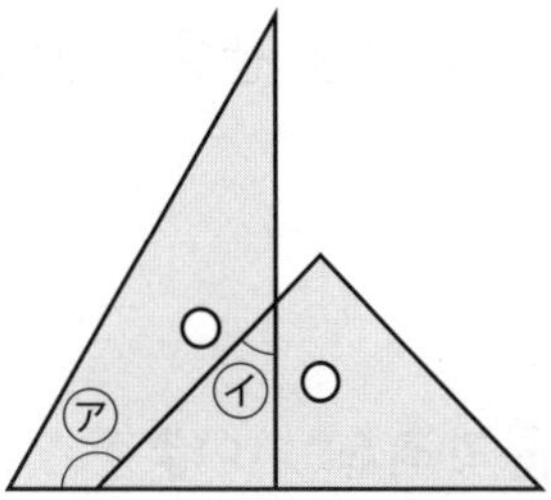
㋐
㋑

(4)

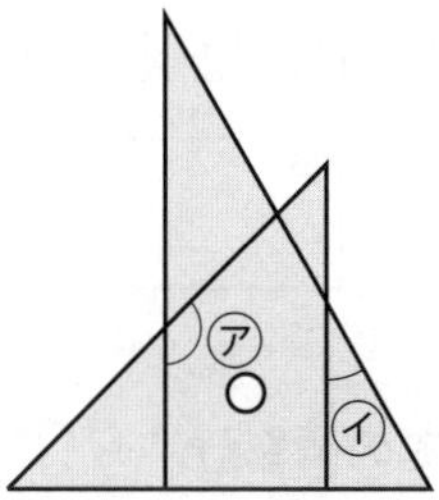
㋐
㋑

(3) ㋐ ㋑

(4) ㋐ ㋑

3 右の図のように，長方形の紙を折(お)りました。㋐，㋑の角はそれぞれ何度ですか。分度器を使わないで，計算で求めなさい。

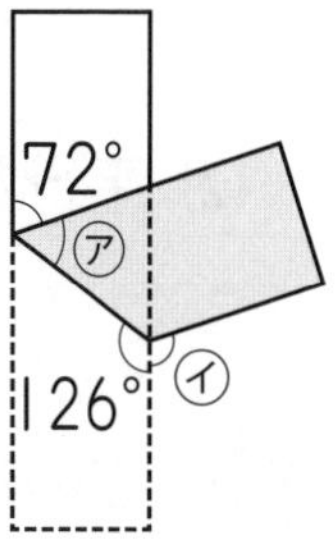
72°
㋐
126°
㋑

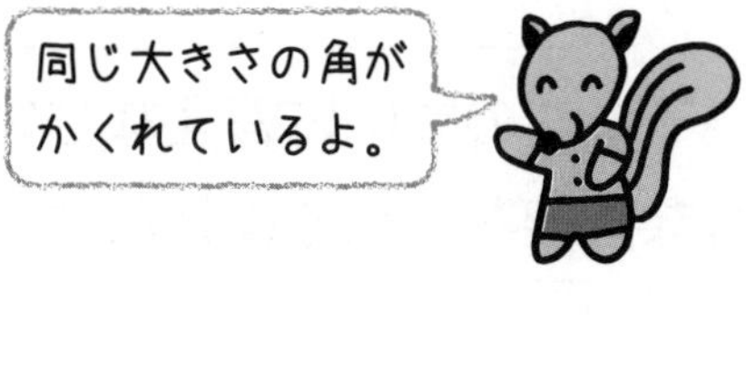
同じ大きさの角が
かくれているよ。

㋐ ㋑

3日 垂直と平行（1）

右の図について，次の問いに答えなさい。

(1) 直線アと垂直(すいちょく)な直線はどれですか。

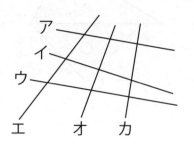

垂直とは2本の直線が90°に交わっていることなので，直線アと直線 ① [　　　] が垂直です。

(2) 平行な直線はどれとどれですか。

平行な直線どうしはえん長しても交わることがありません。直線 ② [　　　] と直線 ③ [　　　] が平行です。

ポイント

2本の直線が90°に交わっているとき，垂直であるといいます。
1本の直線に垂直な2本の直線は，平行であるといいます。

1 右の図について，次の問いに答えなさい。

(1) 直線アと垂直な直線はどれですか。

[　　　　　　]

(2) 平行な直線はどれとどれですか。

[　　　　　　]

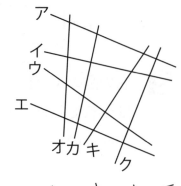

2 右の図について，次の問いに答えなさい。

(1) 直線アと平行な直線をすべて答えなさい。

[　　　　　　]

(2) 直線イと垂直な直線をすべて答えなさい。

[　　　　　　]

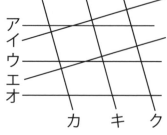

3 図１は正方形を，図２は同じ大きさの正方形を３つならべたものです。

(1) 図１で辺アイと平行な辺を答えなさい。

(図１)

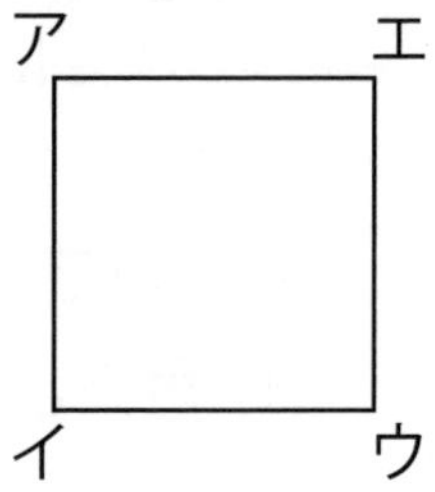

(2) 図１で辺アイに垂直な辺をすべて答えなさい。

(3) 図２で直線アカに垂直な辺は何本ありますか。

(図２)

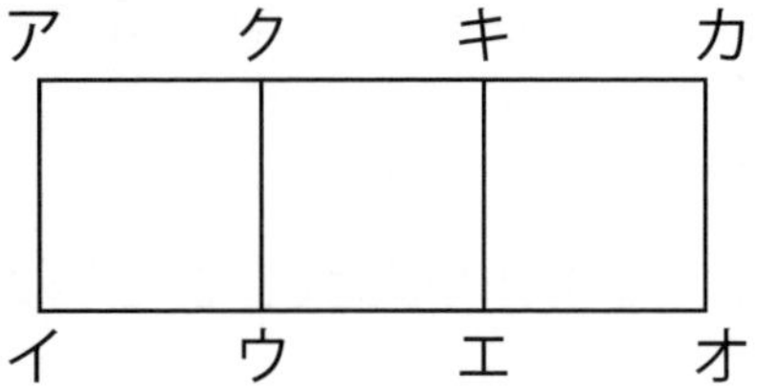

(4) 図２で辺アイに平行な辺をすべて答えなさい。

4 次の図にそれぞれの直線をひきなさい。

(1) 方がんの目もりを使い，点Ａを通って直線㋐に平行な直線㋑

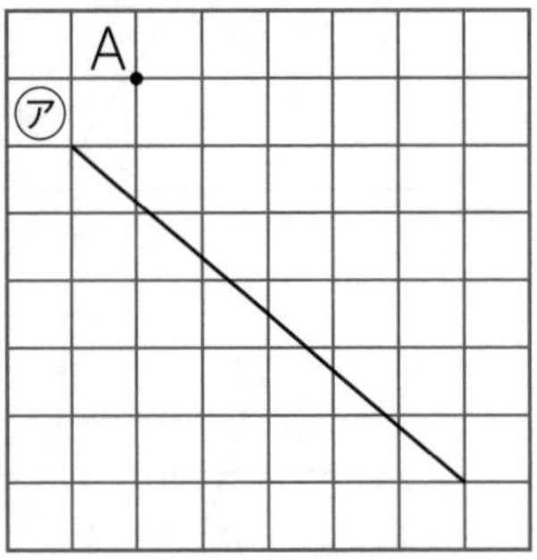

(2) 方がんの目もりを使い，点Ａを通って直線㋐に垂直な直線㋑

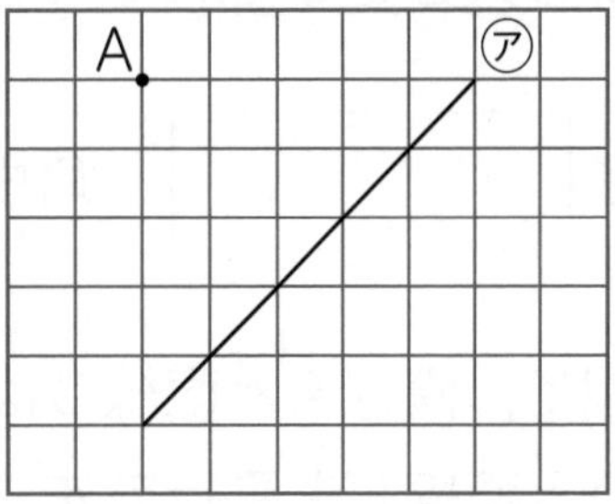

(3) 三角じょうぎを使い，直線㋐に平行な直線㋑

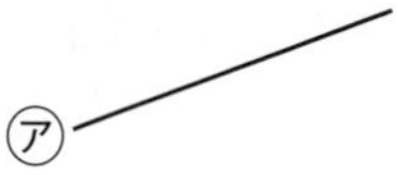

(4) 三角じょうぎを使い，直線㋐に垂直な直線㋑

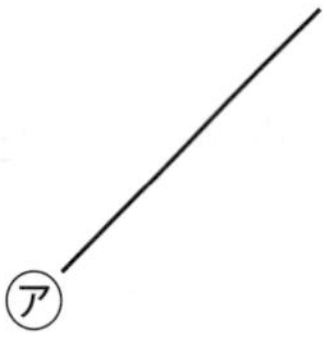

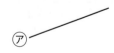

4日 垂直と平行 (2)

右の図で，直線Aと直線Bは平行です。

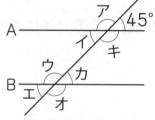

(1) 角アと大きさが等しい角をすべて答えなさい。

平行な直線は，ほかの直線と等しい角度で交わるので，角アは，角 ①□ ，角 ②□ ，角 ③□ と等しくなります。

(2) 角ウの大きさを答えなさい。

1直線の角は180°なので，角ウは，180°－ ④□ °＝ ⑤□ °

ポイント 平行な直線は，ほかの直線と等しい角度で交わります。

---

1 右の図で，直線Aと直線Bは平行です。角イと角ウの大きさをそれぞれ答えなさい。

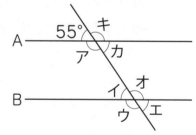

角イ □　　　角ウ □

2 右の図で，直線Aと直線Cは平行です。また，直線Dと直線Eも平行です。

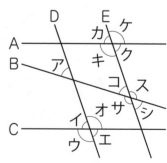

(1) 角アと大きさが等しい角をすべて答えなさい。

□

(2) 角オと大きさが等しい角をすべて答えなさい。

□

3 次の図の直線Aと直線B，直線Cと直線Dはそれぞれ平行です。角ア
の大きさを答えなさい。

(1)

(2)

4 右の図の直線Aと直線Bと直線Cはすべて平行です。

(1) 角アの大きさを答えなさい。

(2) 角イの大きさを答えなさい。

5 右の図のように長方形を折り返しました。角ア，
角イ，角ウの大きさをそれぞれ答えなさい。

折り返した図形に
は，同じ大きさの
角が，必ずあるよ。

角ア 　　　　　　　 角イ 　　　　　　　 角ウ

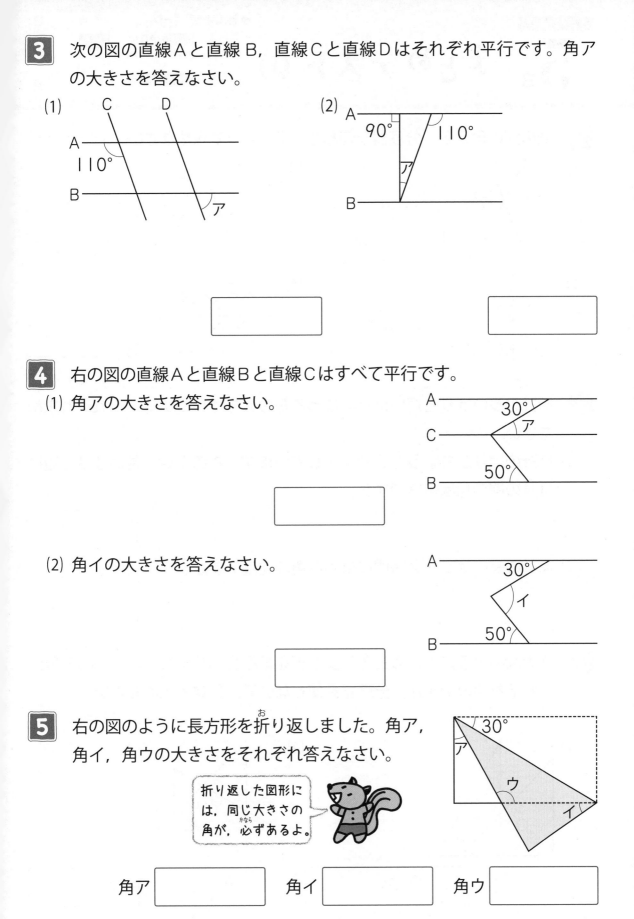

5日 まとめテスト(1)

1 次の図の角アを，分度器を使わないで，計算で求めなさい。(4点×4—16点)

(1)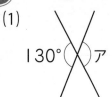

(2)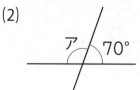

(3)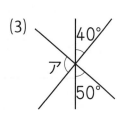

(4)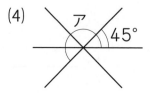

2 時計の長いはりと短いはりのまわる角の大きさについて，それぞれ求めなさい。(6点×2—12点)

(1) 時計のはりがちょうど5時をさしています。このとき，長いはりと短いはりの間の角は何度ですか。

(2) 時計の長いはりが2時間にまわる角は何度ですか。

3 次の図のように1組の三角じょうぎを組み合わせました。㋐，㋑の角はそれぞれ何度ですか。分度器を使わないで，計算で求めなさい。

(4点×4—16点)

(1)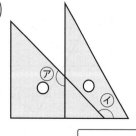

㋐　　　㋑

(2)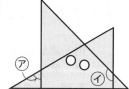

㋐　　　㋑

4 右の図について，次の問いに答えなさい。

(7点×2—14点)

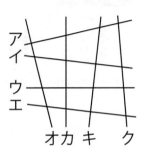

(1) 直線イと平行な直線はどれですか。

(2) 直線キと垂直な直線をすべて答えなさい。

5 右の図は，長方形を十字の形にならべたものです。(7点×2—14点)

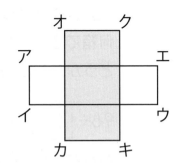

(1) 辺アイと平行な辺をすべて答えなさい。

(2) 辺オカと垂直な辺をすべて答えなさい。

6 右の図で，直線Aと直線Bは平行です。角㋐と角㋑の大きさをそれぞれ答えなさい。

(7点×2—14点)

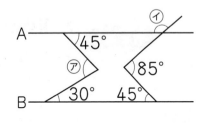

㋐ [　　　　　]　　㋑ [　　　　　]

7 次の図のように長方形を折り返しました。角アの大きさを答えなさい。

(7点×2—14点)

(1)

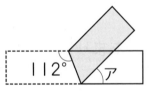

[　　　　　]

(2)

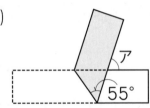

[　　　　　]

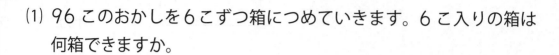

6日 わり算（1）

⑴ 96このおかしを6こずつ箱につめていきます。6こ入りの箱は何箱できますか。

　分けていくので, わり算で求めます。 96÷ ①□ ＝ ②□ （箱）

⑵ 96このおかしを7こずつ箱につめていきます。7こ入りの箱は何箱できて, おかしは何こあまりますか。また, 計算が正しいかどうかたしかめなさい。

96÷ ③□ ＝ ④□ （箱）あまり ⑤□ （こ）

わる数×商＋あまり＝わられる数　なので, たしかめは,

③□ × ④□ ＋ ⑤□ ＝96

となり, 計算が正しいことがわかります。

ポイント わり算のたしかめは, わる数×商＋あまり＝わられる数　がなりたつことで, たしかめることができます。

1 76まいの色紙を同じ数ずつ分けます。

⑴ 4人で分けるとき, 1人分は何まいになりますか。

□

⑵ 5人で分けるとき, 1人分は何まいになって, 何まいあまりますか。

1人分 □　　あまり □

⑶ ⑵の計算が正しいことを, たしかめなさい。

□

2 72 まいのカードを5人に同じ数ずつ配ります。1人分は何まいになって, 何まいあまりますか。

1人分 [　　　　　]　　あまり [　　　　　]

3 79ページの本を毎日4ページずつ読んでいくと, 読み始めてから何日目で読み終わりますか。

[　　　　　]

4 ある数を5でわる計算を, まちがえて6でわったため, 商が16であまりが2になりました。

(1) ある数を求めなさい。

[　　　　　]

(2) 正しい商とあまりを答えなさい。

商 [　　　　　]　　あまり [　　　　　]

5 体育館にいる83人の子どもが長いすにすわります。1きゃくの長いすに4人ずつすわると, すわれない子どもが11人になります。

(1) 長いすは何きゃくありますか。

すわっている子どもの数を求めよう。

[　　　　　]

(2) 1きゃくの長いすに5人ずつすわると, あと何人すわることができますか。

[　　　　　]

7日 わ り 算 (2)

(1) テープを 7m 買うと，392 円でした。1m のねだんは何円ですか。

7m で 392 円なので，1m のねだんはわり算で求めます。

392÷①□ = ②□ (円)

(2) 7m のテープを 6cm ずつに切ります。6cm のテープは何本とれて何cm あまりますか。また，計算が正しいかどうかたしかめなさい。

7m は 700cm なので，

700÷③□ = ④□ (本)あまり 4(cm)

わる数×商＋あまり＝わられる数　なので，たしかめは，

③□ × ④□ +4=700 となり，計算が正しいことがわかります。

 3けた÷1けたのわり算も，2けた÷1けたのわり算と同じように計算できます。

1 256 ページの本を毎日読みます。

(1) 1日に8ページずつ読むとすると，何日で読み終わりますか。

□

(2) 1日に9ページずつ読むとすると，何日で読み終わりますか。

□

2 シュークリームをつめ合わせた箱を3箱買った代金は960円でした。
1箱のねだんは何円ですか。

3 りんごジュースが760mLありました。6人で等しく分けたところ
52mL残りました。1人分は何mLになりましたか。

4 たまごが288こあります。
(1) このたまごを，6こずつプラスチックのよう器に入れていきます。よう
器は何こできますか。

(2) このたまごを，10こずつプラスチックのよう器に入れていきます。よ
う器は何こできて，たまごは何こあまりますか。

よう器 [   ] あまり [   ]

5 バナナ72本とみかん150こを何人かに配りました。バナナを8本ず
つ配るとあまりなく配ることができました。
(1) 配った人数を答えなさい。

(2) みかんを同じこ数ずつ配ると6こあまりました。みかんは1人に何こず
つ配りましたか。

配ったみかんは
150-6(こ)になるね。

8日 わ　り　算（3）

---

(1) 色紙が 650 まいあります。この色紙を 1 人に 26 まいずつ分けると，何人に分けることができますか。

26 まいずつ分けるので，わり算で求めます。

650÷①□＝②□（人）

(2) (1)の計算が正しいことをたしかめなさい。

たしかめは，①□×②□＝650 となり，計算が正しいことがわかります。

 ポイント　3けた÷2けたのわり算も，3けた÷1けたのわり算と同じように計算できます。

---

1 えん筆が 306 本あります。

(1) このえん筆を 1 人に 17 本ずつ分けると，何人に分けることができますか。

(2) (1)の計算が正しいことをたしかめなさい。

2 長さが 1 m 84 cm のテープがあります。これから 23 cm のテープをできるだけ多く切りとると，23 cm のテープは何本できますか。

3 子ども全員が運動場に整列します。１列に 32 人ずつならんだところ
18 列できて，列に入れない子どもが 16 人いました。

(1) 子どもは全員で何人いますか。

(2) １列に 37 人ずつならぶと何列できますか。

4 1000 円で１こ 15 円のあめと，１まい 40 円のせんべいを買います。

(1) あめを 24 こ買って，残ったお金でせんべいを何まい買うことができますか。

(2) せんべいを 22 まい買って，残ったお金であめを何こ買うことができますか。

5 長さ 2 m のテープを，同じ長さの短いテープに切っていったところ，
短いテープが 12 本とれて，あとにテープが 8 cm 残りました。

(1) 短いテープ１本の長さは何 cm ですか。

200 cm から 8 cm
をひいた残りが短い
テープ 12 本分だね。

(2) 長さ 4 m のテープから，(1)と同じ長さの短いテープを切りとったとすると，何本とれますか。

9日 わり算 (4)

(1) 800円で，1本75円のえん筆を買おうと思います。えん筆は何本買えて，何円あまりますか。

3けた÷2けたのわり算で求めます。

800÷ ① ＝ ② (本)あまり 50(円)

② 本買えて，50円あまります。

(2) (1)の計算が正しいことをたしかめなさい。

わる数×商＋あまり＝わられる数　なので，たしかめは，

① × ② ＋50＝ ③ ＋50＝800

となり，計算が正しいことがわかります。

ポイント 3けた÷2けたのわり算も，わる数×商＋あまり＝わられる数がなりたつことで，たしかめることができます。

1 ノートが200さつあります。

(1) これを16人に同じ数ずつ配ると，1人分は何さつで，あまりは何さつですか。　　1人分 [　　] あまり [　　]

(2) (1)の計算が正しいことをたしかめなさい。　[　　]

2 428まいの色紙を，1人に24まいずつ配ります。何人に配ることができて，何まいあまりますか。

[　　]

3 360 この荷物があります。これを 1 回に 27 こずつ車で運ぼうと思います。全部の荷物を運び終えるには，何回かかりますか。

4 まことさんは 500 円を持って，1 本 85 円の赤えん筆と 1 こ 60 円の消しゴムを買いに行きました。赤えん筆を 3 本と消しゴムを何こか買ったところ，65 円残(のこ)りました。消しゴムは何こ買いましたか。

5 ある数を 23 でわる計算を，まちがえて 32 でわったため，商が 28 であまりが 7 になりました。

(1) ある数を求めなさい。

(2) 正しい商とあまりを答えなさい。

商 [　　　] あまり [　　　]

6 写生大会があるので，画用紙 500 まいを学校全体の 18 クラスに配るために用意しました。

(1) 18 クラスに同じまい数ずつ配ると，何まいずつ配ることができますか。

(2) あと 7 まいずつ多く配るためには，画よう紙はあと何まい必要(ひつよう)ですか。

> 1 クラスに何まいずつ配るのか考えよう。

10日 わり算 (5)

(1) 48 m の長さの赤いひもと 6 m の長さの白いひもがあります。赤いひもの長さは，白いひもの長さの何倍ですか。

白いひも(6 m) $\xrightarrow{?倍}$ 赤いひも(48 m)

何倍かを答えるときは，わり算で求めます。

48÷ |①　　| = |②　　| (倍)

(2) 白いひもの長さは 162 m で，青いひもの長さの 6 倍です。青いひもの長さは何 m ですか。

青いひも(? m) $\xrightarrow{6倍}$ 白いひも(162 m)

もとの量を答えるときは，わり算で求めます。

|③　　| ÷6 = |④　　| (m)

ポイント　何倍になるかは，わり算で求めます。何倍＝●，もとの量＝△，全体の量＝□とすると，●＝□÷△，△＝□÷●，□＝△×●

1 さとしさんの姉は色紙を 192 まい，さとしさんは 48 まい持っています。

(1) 姉の色紙のまい数は，さとしさんの色紙のまい数の何倍ですか。

|　　　　　　|

(2) さとしさんの色紙のまい数は，弟のまい数の 4 倍です。弟が持っている色紙は何まいですか。

|　　　　　　|

2 図書館には，すい理小説の本が78さつあり，童話の本の3倍です。

(1) 童話の本は何さつありますか。

(2) 科学の本は童話の本の5倍あります。科学の本は何さつありますか。

3 まさみさんのお母さんの年令は36才で，まさみさんの年令は9才です。

(1) お母さんの年令は，まさみさんの年令の何倍ですか。

(2) まさみさんのお父さんの年令は42才です。3年後にはお父さんの年令とお母さんの年令の和は，まさみさんの年令の何倍になりますか。

3年後のお父さんとお母さんの年令の和は，何才になっているかな？

4 みかさんは，赤いビーズを45こ，青いビーズを90こ持っていましたが，お姉さんからもらったので，赤いビーズは225こ，青いビーズは270こになりました。

(1) 赤いビーズのこ数は，はじめの何倍になりましたか。

(2) ふえ方が大きいといえるのは，赤と青のどちらのビーズですか。

① 53 まいのカードを 6 人に同じ数ずつ配ります。1 人分は何まいになって，何まいあまりますか。(8点)

1人分 [　　　　]　　あまり [　　　　]

② テープが 62 m あります。子ども 1 人に 3 m ずつ分けると，14 m あまります。(8点×2—16点)

(1) 子どもは何人いますか。

[　　　　]

(2) 1 人に 4 m ずつ分けると，何 m たりませんか。

[　　　　]

③ 325 ページある本を毎日読みます。(8点×3—24点)

(1) 1 日に 6 ページずつ読むとすると，何日で読み終わりますか。

[　　　　]

(2) (1)の答えは何週間と何日ですか。

[　　　　]

(3) 1 日に 8 ページずつ読むとすると，何日で読み終わりますか。

[　　　　]

4 色紙が 250 まいあります。この色紙を１人に 16 まいずつ分けると何人に分けることができますか。また，何まいあまりますか。(9点)

人数 ☐ あまり ☐

5 ある数を 62 でわる計算を，まちがえて 26 でわったため，商が 12 であまりが４になりました。(9点×2—18点)

(1) ある数を求めなさい。

☐

(2) 正しい商とあまりを答えなさい。

商 ☐ あまり ☐

6 いちご 48 ことバナナ 52 本を何人かに配りました。いちごを５こずつ配ると７こたりませんでした。(8点×2—16点)

(1) 配った人数を答えなさい。

☐

(2) バナナを同じ人数に配ると３本たりませんでした。バナナは１人に何本ずつ配りましたか。

☐

7 ひろしさんのお父さんの体重は 75 kg で，ひろしさんの体重の３倍です。ひろしさんの体重は，ひろしさんがかっている犬の体重の５倍です。ひろしさんがかっている犬の体重を答えなさい。(9点)

☐

➡答えは 70 ページ　月　日

12日 大きな数 (1)

(1) 次の数の読み方を，漢字で書きなさい。

568126450816478

右から4けたごとに線をひき，千の位(くらい)より大きな数は，下の位から「万」，「億(おく)」，「兆(ちょう)」になります。

兆	億	万	
568	1264	5081	6478

読み方は，五百六十八① □ 千二② □ 六十四③ □ 五千八十一④ □ 六千四百七十八 となります。

(2) 次の数を，数字で書きなさい。

十四兆七十六億八千二百三万五千八百四十三

兆と億と万に目をつけて，兆の位から数字を入れていきます。

兆	億	万	
14	⑤ □ 07 ⑥ □	⑦ □ 203	5 ⑧ □ 43

答えは，14 ⑤ □ 07 ⑥ □ ⑦ □ 2035 ⑧ □ 43 となります。

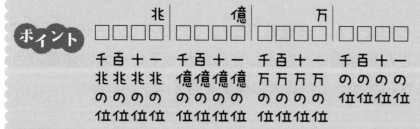

ポイント

千の位より大きな数は，右から4けたごとに万，億，兆の位になります。

兆				億				万							
□	□	□	□	□	□	□	□	□	□	□	□	□	□	□	□
千兆の位	百兆の位	十兆の位	一兆の位	千億の位	百億の位	十億の位	一億の位	千万の位	百万の位	十万の位	一万の位	千の位	百の位	十の位	一の位

1 次の数の読み方を，漢字で書きなさい。

(1) 743203631

[   ]

(2) 32580700213200

[   ]

2 次の数を，数字で書きなさい。

(1) 三十八億七千百二十万三十六

[   ]

(2) 五兆二千五百八億三千八百五十一万二千五

[   ]

(3) 七百五兆二千三十六万八千三百二十五

[   ]

3 次の数を，数字で書きなさい。

(1) 10億を6こと，1万を3020こ合わせた数

[   ]

(2) 1兆を2こと，1億を38こと，1万を3こ合わせた数

[   ]

(3) 1兆を13こと，1億を12こと，1万を3こと，1を2こ合わせた数

[   ]

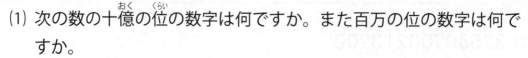

➡答えは70ページ

月　　日

大きな数（2）

(1) 次の数の十億(おく)の位(くらい)の数字は何ですか。また百万の位の数字は何ですか。

325872070354021

右から4けたずつ区切って，万，億，兆(ちょう)の位を見つけます。

兆	億	万	
325	8720	7035	4021

これから，十億の位の数字は [①]，百万の位の数字は [②] とわかります。

(2) 次の数直線で，㋐～㋒にあてはまる数を答えなさい。

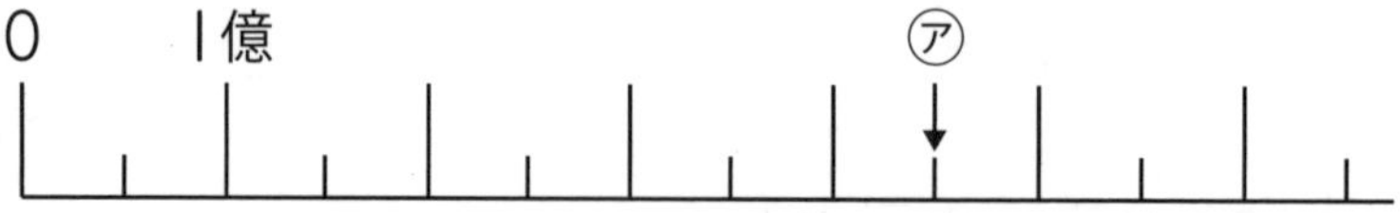

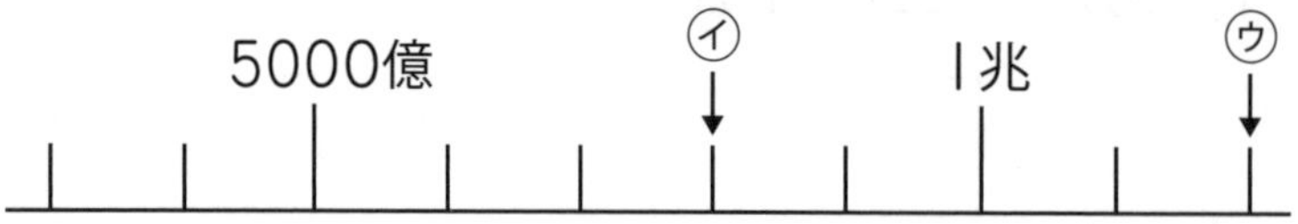

㋐について，大きな1つの目もりは1億を，小さな1つの目もりは5000万を表しています。これから，㋐は [③] 億 [④] 万になります。

㋑，㋒について，1つの目もりは1000億を表しています。これから，㋑は [⑤] 億，㋒は1兆 [⑥] 億になります。

ポイント 数直線では，1つの目もりがいくらの数を表しているかを読みとります。

1 次の数の，百億の位の数字と十万の位の数字をそれぞれ答えなさい。

(1) 3457802351247

百億 [　　　]　十万 [　　　]

(2) 90385931721000

百億 [　　　]　十万 [　　　]

2 次の数直線で，□ にあてはまる数を答えなさい。

3 数直線上に，次の数を↓で表しなさい。

850億

4 次の数について，それぞれの問いに答えなさい。

(1) 1079252848800
百億の位の数字と一万の位の数字の和を答えなさい。

[　　　]

(2) 3 ㋐ 72563 ㋑ 174 ㋒ 86

次のことがらから，㋐，㋑，㋒の数字を答えなさい。

・㋐の数字は㋑の数字から3をひいた数です。

・㋒の数字を3倍すると㋐の数字になります。

・㋑の数字は千億の位の数字より大きいです。

㋐ [　　　]　㋑ [　　　]　㋒ [　　　]

➡答えは 71 ページ　月　日

14日 大きな数(3)

(1) 7000 万を，10 倍，100 倍した数を答えなさい。

10 倍すると位(くらい)が 1 けた上がり，100 倍すると位が 2 けた上がるので，

7000 万を 10 倍すると [①　　] 億に，100 倍すると [②　　] 億になります。

(2) 40 億を，$\frac{1}{10}$，$\frac{1}{100}$ にした数を答えなさい。

$\frac{1}{10}$ にすると位が 1 けた下がり，$\frac{1}{100}$ にすると位が 2 けた下がるので，

40 億を $\frac{1}{10}$ にすると [③　　] 億に，$\frac{1}{100}$ にすると [④　　] 万になります。

ポイント 整数を 10 倍すると，位が 1 けた上がります。また，$\frac{1}{10}$ にすると位が 1 けた下がります。

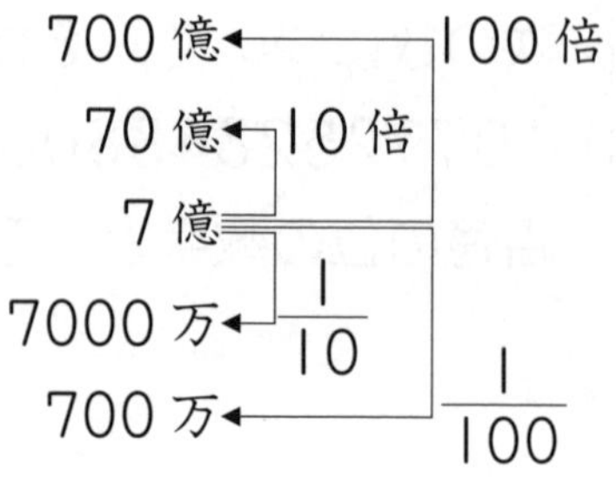

1 ㋐ 200 億，㋑ 400 万，㋒ 3 兆をそれぞれ 10 倍した数，10 でわった数を答えなさい。

	㋐	㋑	㋒
×10			
÷10			

2 次の2つの数はどちらが大きいですか。計算したあとの数で答えなさい。

(1) 1000万を100倍した数と，1兆を10でわった数

[　　　　]

(2) 2億を100でわった数と，1000万を10でわった数

[　　　　]

(3) 500億を100倍した数と，600兆を100でわった数

[　　　　]

3 1から9までの9この数字を1つずつ使って，9けたの数をつくります。

(1) いちばん小さい数を書きなさい。

[　　　　]

(2) いちばん大きい数の読み方を，漢字で書きなさい。

[　　　　]

4 0から9までの10この数字を1つずつ使って，10けたの数をつくります。

(1) いちばん小さい数を書きなさい。

[　　　　]

(2) 30億にいちばん近い数を書きなさい。

> 29……か，30……の
> どちらかだね。

[　　　　]

15日 まとめテスト (3)

時間 **20分**
【はやい15分・おそい25分】
合格 **80点**
得点　　　　　　点

1 次の数の読み方を，漢字で書きなさい。(7点×3─21点)

(1) 572031293

[　　　　　　　　　　　　　　　　　　]

(2) 1415926532

[　　　　　　　　　　　　　　　　　　]

(3) 25210084036

[　　　　　　　　　　　　　　　　　　]

2 次の数を，数字で書きなさい。(7点×3─21点)

(1) 六億七千三十一万五千二百三十八

[　　　　　　　　　　　　　　　　　　]

(2) 三兆九百二十三億八千七百三十四万二千一

[　　　　　　　　　　　　　　　　　　]

(3) 九十三兆二千五百七億三千二百三十万四千五百

[　　　　　　　　　　　　　　　　　　]

3 次の数直線で，□にあてはまる数を答えなさい。(7点×2─14点)

(1)

[　　　　]
↓

8000万　　　1億

(2)

[　　　　]
↓

5000億　　　　　　　1兆

④ 次の数を，数字で書きなさい。(7点×3─21点)

(1) 1億を 345 こと，1万を 32 こ合わせた数

（空欄）

(2) 1兆を 2 こと，1億を 34 こと，1万を 21 こと，1 を 3 こ合わせた数

（空欄）

(3) 1億を 20 こと，1万を 8000 こ合わせた数から，1億を 3 こと，1万を 1200 こ合わせた数をひいた数

（空欄）

⑤ 次の 2 つの数はどちらが小さいですか。計算したあとの数で答えなさい。(7点×2─14点)

(1) 10億を 100 でわった数と，100万を 100 倍した数

（空欄）

(2) 8000億を 10 倍した数と，15兆を 10 でわった数

（空欄）

⑥ 1 から 9 までの 9 この数字を 1 つずつ使って，9 けたの数をつくります。4億にいちばん近い数の読み方を，漢字で答えなさい。(9点)

（空欄）

16日 小数のたし算とひき算 (1)

---

(1) 北町駅から東山寺までの道のりは 3.6 km，東山寺から南町駅までの道のりは 4.8 km あります。北町駅から東山寺を通って南町駅まで行くと，全体の道のりはどれだけになりますか。

小数のたし算・ひき算は小数点の位置（いち）をそろえて計算します。

$3.6+$ ①□ $=$ ②□ (km)

$$\begin{array}{r} 3.6 \\ +4.8 \\ \hline 8.4 \end{array}$$

(2) 大，小2つの水そうに水を入れます。大きい水そうには 7.25 L，小さい水そうには 3.54 L 入れました。2つの水そうに入っている水の量（りょう）のちがいは何 L ですか。

$7.25-$ ③□ $=$ ④□ (L)

$$\begin{array}{r} 7.25 \\ -3.54 \\ \hline 3.71 \end{array}$$

ポイント 小数のたし算・ひき算は，小数点の位置をそろえると整数と同じように計算できます。

---

1 重さが 1.2 kg の箱に，みかんを 2.4 kg 入れました。全体の重さは何kg ですか。

□

2 走りはばとびをしたときの記録（きろく）は，まさとさんが 2.65 m，ひとしさんが 3.12 m でした。2人の差（さ）は何 m ですか。

□

3 ペットボトルに水が 0.85 L 入っています。さらに水を 6.8 dL 入れると，ペットボトルの水は何 L になりますか。

□

4 300gのよう器にさとうが 1.2 kg 入っています。さとうを 0.23 kg 使ったとき, 残りのさとうとよう器を合わせた重さは何 kg になりますか。

5 灯油を 1 日目に 0.8 L, 2 日目に 0.45 L 使ったところ, 残りは 0.32 L になりました。はじめに灯油は何 L ありましたか。

6 青いリボンが 2.8 m, 白いリボンが 1.45 m, 赤いリボンが 85 cm あります。

(1) 3つのリボンを全部合わせると何 m になりますか。

(2) 青いリボンと白いリボンの長さのちがいは何 m ですか。

7 バナナの重さは 2.4 kg で, みかんより 1.3 kg 軽く, いちごより 1950 g 重いそうです。

(1) いちごの重さは何 kg ですか。

(2) 3つのくだものの重さの合計は何 kg ですか。

17日 小数のたし算とひき算 (2)

(1) 0.526 kg のよう器にさとうが 2.345 kg 入っています。合わせた重さは何 kg になりますか。

小数のたし算・ひき算は小数点の位置をそろえて計算します。小数第三位までの小数でも，同じように計算できます。

0.526+ ①□ = ②□ (kg)

```
  0.526
+2.345
------
  2.871
```

(2) はり金が 3.528 m あります。工作で 1.784 m 使いました。あと何 m 残っていますか。

3.528− ③□ = ④□ (m)

```
  3.528
-1.784
------
  1.744
```

ポイント 小数第三位までの小数も，たし算・ひき算は小数点の位置をそろえると整数と同じように計算できます。

1 牛にゅうが，大きいびんに 1.258 L，小さいびんに 0.875 L 入っています。合わせて何 L になりますか。

□

2 6 L のペンキがあります。

(1) かべをぬるのに 1.385 L 使いました。残りは何 L ですか。

□

(2) さらに，いすをぬるのに 1.383 L 使いました。残りは何 L ですか。

□

3 たかしさんの体重は 32.125 kg で，兄より 2.5 kg 軽く，妹より 4.82 kg 重いそうです。

(1) 兄の体重は何 kg ですか。

(2) 3人の体重の合計は何 kg ですか。

4 ある小数に 1.724 をたす計算を，まちがえて 7.124 をたしてしまったため，答えが 8.569 になりました。

(1) ある小数を求めなさい。

(2) 正しい答えを求めなさい。

5 4つの小数 3.125，4.8，2.312，5.63 があります。

(1) いちばん大きい小数と2番目に大きい小数の和はいくらですか。

(2) いちばん大きい小数と3番目に小さい小数の差はいくらですか。

➡答えは 73 ページ　月　日

18日 計算のきまり (1)

( )を使った１つの式に表して，答えを求(もと)めなさい。

(1) 500 円で 240 円のノートと 120 円の赤えん筆を買いました。おつりは何円ですか。

500 円から 240 円と 120 円をひくので，おつりは，

①□ −(②□ ＋120)＝①□ −③□ ＝④□ (円)

(2) 1こ 200 円のチョコレートと1こ 150 円のビスケットを，1つのセットにします。このセット８つ分の代金は何円ですか。

1つのセットの代金は，(⑤□ ＋150)(円)なので，8セット分の代金は，

(⑤□ ＋150)×⑥□ ＝350×⑥□ ＝⑦□ (円)

ポイント
ふつう，左から順(じゅん)に計算します。
( )があるときは，( )の中を先に計算します。
＋，−と×，÷とでは，×，÷を先に計算します。

1 次の問題を，( )を使った１つの式に表しなさい。

(1) 1000 円で 640 円のいちごと 230 円のバナナを買ったところ，おつりは 130 円でした。

□

(2) 48 このりんごを大人５人と子ども３人で，同じ数ずつ分けると，1人分は６こになりました。

□

2 次の問題を，（　）を使った1つの式に表して，答えを求めなさい。

(1) たて3cm，横6cmの長方形のまわりの長さを求めなさい。

式 [　　　　　　　　　]　答え [　　　　]

(2) 18dLの水を，男子6人，女子3人で同じ量ずつ分けたとき，1人分の量は何dLですか。

式 [　　　　　　　　　]　答え [　　　　]

3 次の2つの式を，（　）を使って1つの式に表しなさい。

(1) $\begin{cases} 2000-1230=770 \\ 770-510=260 \end{cases}$　(2) $\begin{cases} 3+5=8 \\ 96\div8=12 \end{cases}$

[　　　　　　　　　]　　[　　　　　　　　　]

(3) $\begin{cases} 1230-530=700 \\ 700\div5=140 \end{cases}$　(4) $\begin{cases} 8\times5=40 \\ 1200\div40=30 \end{cases}$

[　　　　　　　　　]　　[　　　　　　　　　]

4 次の式で，1か所に（　）をつけて，正しい式になるようにしなさい。

(1) $15\times6-4=30$　　(2) $48\div8\times2=3$

[　　　　　　　　　]　　[　　　　　　　　　]

(3) $7+5\times5=60$　　(4) $8-2\times5+7=37$

[　　　　　　　　　]　　[　　　　　　　　　]

19日 計算のきまり (2)

次の式で，□ に入る数字を答えなさい。

(1) $8+6=6+\boxed{}$　　　　(2) $3×4=4×\boxed{}$

(3) $(3+8)+5=\boxed{}+(8+5)$　　　　(4) $(7×2)×\boxed{}=7×(2×5)$

(5) $(8+\boxed{})×7=8×7+3×7$

ポイント

「計算のきまり」 には次のようなものがあります。

- ㋐　□+○=○+□　　　　㋑　□×○=○×□
- ㋒　(□+○)+△=□+(○+△)
- ㋓　(□×○)×△=□×(○×△)
- ㋔　(□+○)×△=□×△+○ × △
- ㋕　(□+○)÷△=□÷△+○÷△
- ㋖　(□−○)×△=□×△−○×△
- ㋗　(□−○)÷△=□÷△−○÷△

計算のきまりを使って，□ の中の数を考えます。

(1) ㋐より， $8+6=6+\boxed{①}$

(2) ㋑より， $3×4=4×\boxed{②}$

(3) ㋒より， $(3+8)+5=\boxed{③}+(8+5)$

(4) ㋓より， $(7×2)×\boxed{④}=7×(2×5)$

(5) ㋔より， $(8+\boxed{⑤})×7=8×7+3×7$

1 次の計算をくふうして計算します。くふうした式と答えを書きなさい。

(1) 37×8+37×2

くふうした式 [　　　　　　　　　] 答え [　　　　]

(2) 8×9×125

くふうした式 [　　　　　　　　　] 答え [　　　　]

2 まことさんは 1 時間に 3600m 歩きます。13 時間では何 m 歩くことになりますか。13×18＝234 をもとにして，答えなさい。

[　　　　　　　　]

3 次の問題で，求める数を□として 1 つの式に表して，答えを求めなさい。

(1) 1 さつ 240 円のノート 3 さつと，1 本 80 円のえん筆を何本か買ったところ，代金は 1200 円でした。買ったえん筆の本数を求めなさい。

□をふくむ式 [　　　　　　　] 答え [　　　　]

(2) 48 を 5 にある数をたした和でわり，17 をたしたところ，23 になりました。ある数を求めなさい。

5 にある数をたした和は，(5＋□) と表せるよね。

□をふくむ式 [　　　　　　　] 答え [　　　　]

(3) お米 3kg を，1 つ 10g の重さのふくろに同じ重さずつ分けて全部入れたところ，1 つのふくろの重さが 310g になりました。お米を入れたふくろは何ふくろありますか。

□をふくむ式 [　　　　　　　] 答え [　　　　]

① 長さ 3.2 m のテープと長さ 4.3 m のテープをつないで1本のテープにしたところ，全体の長さが 7.2 m になりました。つなぎ目の長さは何 m になりますか。(8点)

② ひろとさんはプールに行くのに，0.1 時間歩いたあと，電車に 30 分間乗りました。そのあとバスに 0.2 時間乗って，プールに着きました。全部で何時間かかりましたか。(8点)

③ ある小数に 3.14 をたす計算を，まちがえてひいてしまったため，答えが 7.38 になりました。(8点×2—16点)

(1) ある小数を求めなさい。

(2) 正しい答えを求めなさい。

④ 次の問題を，(　)を使った1つの式に表しなさい。(8点×2—16点)

(1) 大人2人と子ども7人が，同じ数ずつみかんをもらいます。1人分を3こにすると，もらったみかんは全部で 27 こになりました。

(2) 1本 80 円のえん筆6本と1こ 45 円の消しゴム6この代金の差は，210 円でした。

5 次の２つあるいは３つの式を，(　)を使って１つの式に表しなさい。

(8点×2—16点)

(1) $\begin{cases} 160-70=90 \\ 810\div90=9 \end{cases}$

(2) $\begin{cases} 180-20=160 \\ 160\times20=3200 \\ 5+15=20 \end{cases}$

6 次の問題を，(　)を使った１つの式に表して，答えを求めなさい。

(8点×2—16点)

(1) １さつ 240 円のノートを５さつ買ったところ，代金を 1000 円にしてくれました。ノート１さつについて，何円安くしてくれましたか。

式　　答え

(2) 長さ４m のひもから，20 cm のひもを 13 本切りとり，残(のこ)りのひもから７cm のひもを切りとります。７cm のひもは何本できますか。

式　　答え

7 次の問題で，求める数を□として１つの式に表して，答えを求めなさい。

(10点×2—20点)

(1) １まい 120 円の切手を何まいかと，１まい 80 円の切手を４まい買ったところ，代金は 1040 円でした。120 円切手は何まい買いましたか。

□をふくむ式　　答え

(2) 15 にある数をたした和に６をかけて，45 をひいたところ，63 になりました。ある数を求めなさい。

□をふくむ式　　答え

21日　四角形（1）

次の図から，台形と平行四辺形をすべて選びなさい。

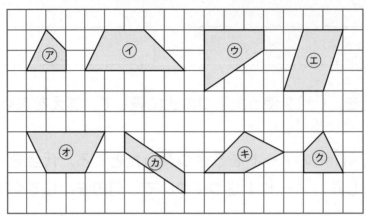

台形は，向かい合う1組の辺が平行なので，①□，②□，③□

の3つです。平行四辺形は，向かい合う2組の辺が平行なので，

④□，⑤□　の2つです。

ポイント
向かい合う1組の辺が平行な四角形を台形といいます。
向かい合う2組の辺が平行な四角形を平行四辺形といいます。

1 次の図から，台形と平行四辺形をすべて選びなさい。

台形

平行四辺形

2 次の図は，それぞれ台形，平行四辺形の2つの辺をかいたものです。図を完成<ruby>成<rt>かんせい</rt></ruby>させなさい。

(1) 台形

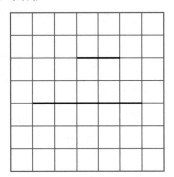

(2) 平行四辺形

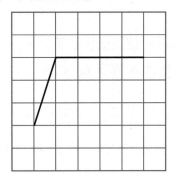

3 次の図で，台形，平行四辺形の数はそれぞれ何こありますか。

(1) 台形

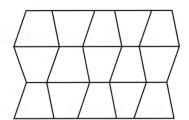

(2) 平行四辺形

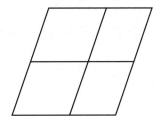

数えわすれに注意しよう。

4 <ruby>例<rt>れい</rt></ruby>の図のように，台形，平行四辺形の左右をひっくり返した図をかきなさい。

(例)台形

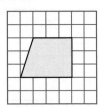 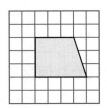

(1) 台形

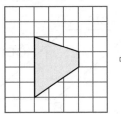 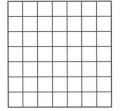

(2) 平行四辺形

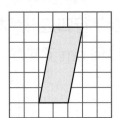 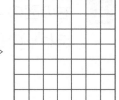

➡答えは75ページ　　月　　日

22日 四　角　形 (2)

右の図は平行四辺形(へいこうしへんけい)です。

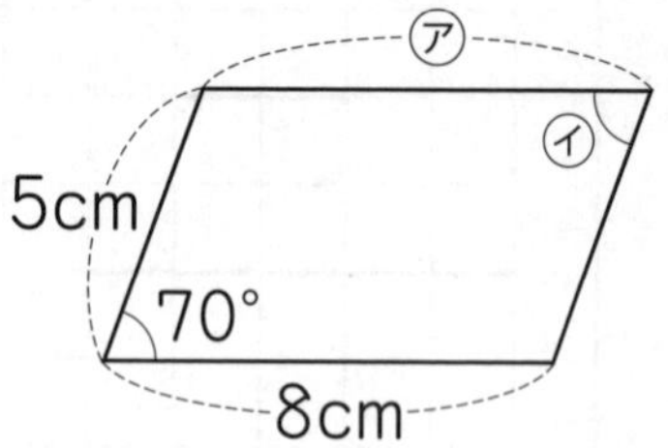

(1) ㋐の長さを答えなさい。

平行四辺形は，向かい合う辺の長さが等しくなるので，㋐の長さは ① [　　] cm になります。

(2) ㋑の角の大きさを答えなさい。

平行四辺形の向かい合う角の大きさは等しくなるので，㋑の角は ② [　　]° になります。

ポイント 平行四辺形の向かい合う辺は等しい長さです。
また，向かい合う角は等しい大きさです。

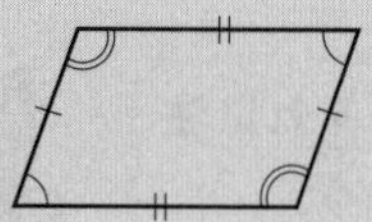

1 右の図のような平行四辺形があります。

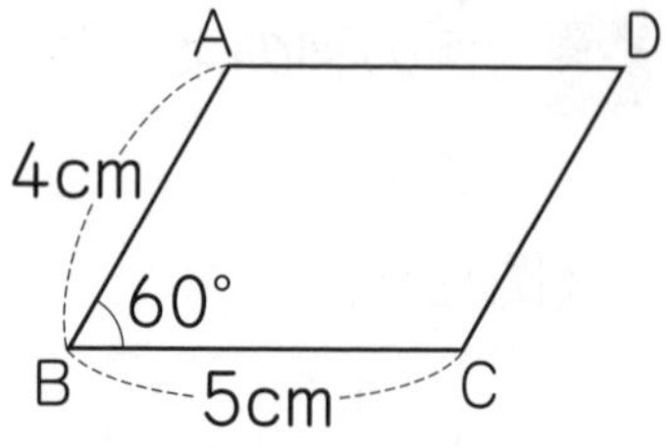

(1) 辺AD，辺CDの長さは，それぞれ何cmですか。

辺AD [　　]　辺CD [　　]

(2) 角C，角Dの大きさは，それぞれ何度ですか。

角C [　　]　角D [　　]

2 右の図のような平行四辺形があります。
まわりの長さは何cmですか。

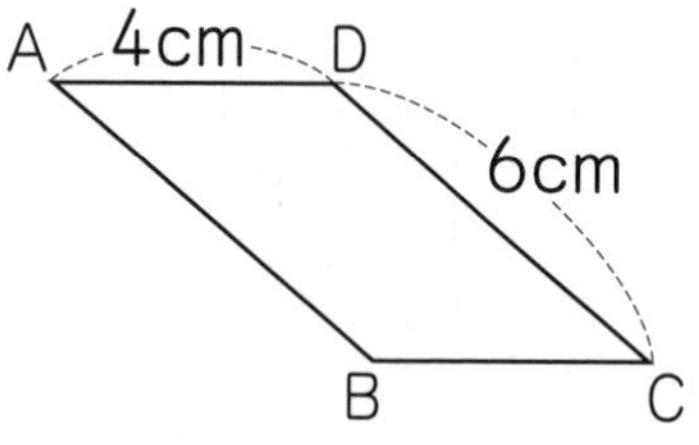

[　　]

3 下の図のような平行四辺形をかきなさい。

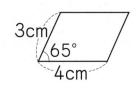

4 右の図のような平行四辺形をすきまなくいくつかならべて，図形をつくりました。

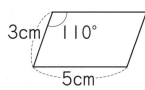

(1) 下の図形のまわりの長さは何 cm ですか。

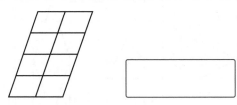

(2) 下の図形のまわりの長さは何 cm ですか。

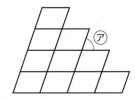

(3) (2)の図形で，角㋐の大きさは何度ですか。

5 右の図の㋐，㋑，㋒，㋓，㋔はすべて平行四辺形です。

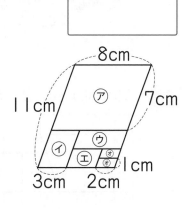

(1) 平行四辺形㋓のまわりの長さは何 cm ですか。

(2) 平行四辺形㋒をたてに３つつなげました。できた図形のまわりの長さは何 cm ですか。

図にかいて考えてみよう。

45

23日 四角形（3）

次の図から，ひし形をすべて選びなさい。

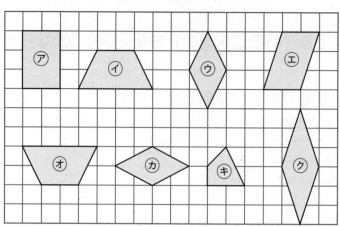

ひし形は4つの辺の長さがすべて等しいので，① ［　　　］，② ［　　　］，

③ ［　　　］です。

> **ポイント**
> 辺の長さがすべて等しい四角形をひし形といいます。
> ひし形の向かい合う辺は平行で，向かい合う角は等しい大きさです。

1 次の図から，ひし形をすべて選びなさい。

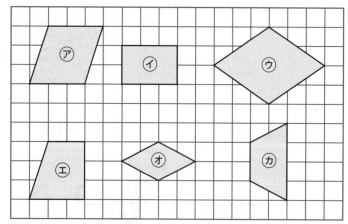

2 次の□にことばを入れて，文を完成させなさい。

(1) ひし形は，辺の長さがすべて[㋐]四角形で，向かい合う辺は[㋑]です。また，向かい合う角は[㋒]大きさです。

(2) 向かい合う頂点を結んだ直線を[㋓]といいます。ひし形の[㋓]は垂直に交わっています。しかし，[㋓]が垂直に交わっているからといって，必ずしもひし形とはかぎりません。

㋐　　㋑　　㋒　　㋓

3 右の図は，１辺の長さが３cmのひし形です。

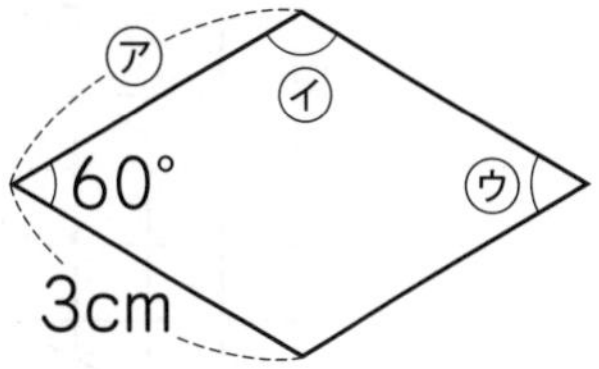

㋐
㋑
60°
㋒
3cm

(1) ㋐の辺の長さは何cmですか。

(2) 角㋑と角㋒の大きさは，それぞれ何度ですか。

角㋑　　角㋒

4 右の図は，１辺の長さが４cmのひし形です。このひし形をすきまなくいくつかならべます。

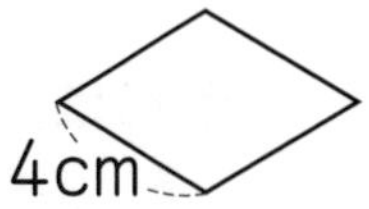

4cm

(1) 下の図のように４こならべました。まわりの長さは何cmですか。

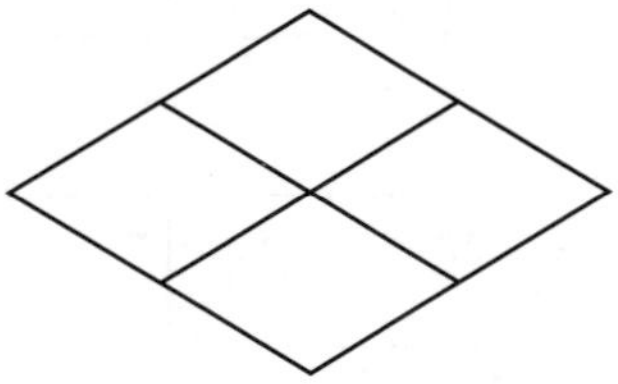

(2) 下の図のように10こならべました。まわりの長さは何cmですか。

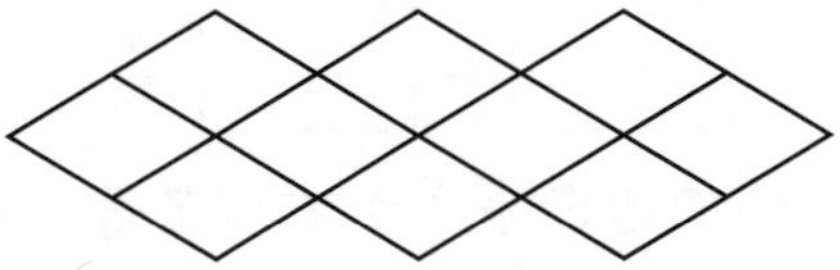

5 右の図は小さいひし形をすきまなくならべてつくった図形です。ひし形は全部で何こありますか。

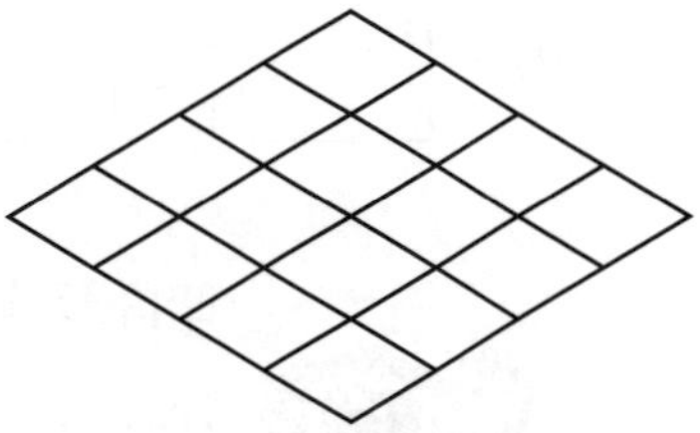

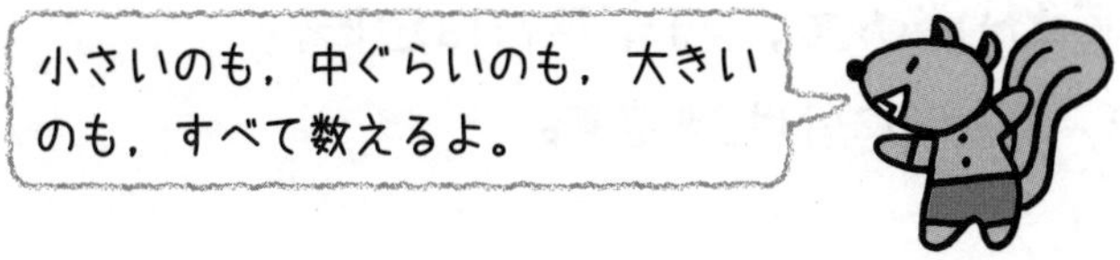

小さいのも，中ぐらいのも，大きいのも，すべて数えるよ。

24日 四角形 (4)

次の図形の中から，台形，平行四辺形（へいこうしへんけい），ひし形，長方形，正方形をすべて選（えら）びなさい。

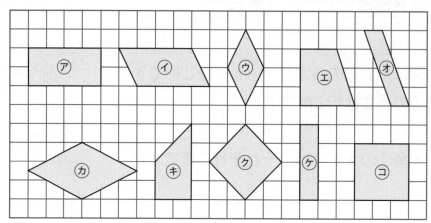

台形は，向かい合う１組の辺が平行なので，①□ と ②□ です。

平行四辺形は，向かい合う２組の辺が平行なので，③□ と ④□ です。

ひし形は，４つの辺の長さがすべて等しいので，⑤□ と ⑥□ です。

長方形は，４つの角がすべて直角なので，⑦□ と ⑧□ です。

正方形は，４つの角がすべて直角で，４つの辺の長さがすべて等しいので⑨□ と ⑩□ です。

ポイント 四角形は，向かい合う辺が平行かどうか，長さが等しいかどうか，角が直角かどうかで，台形，平行四辺形，ひし形，長方形，正方形に分けられます。

[1] 次の㋐～㋓の四角形から，平行四辺形，ひし形，正方形を選びなさい。

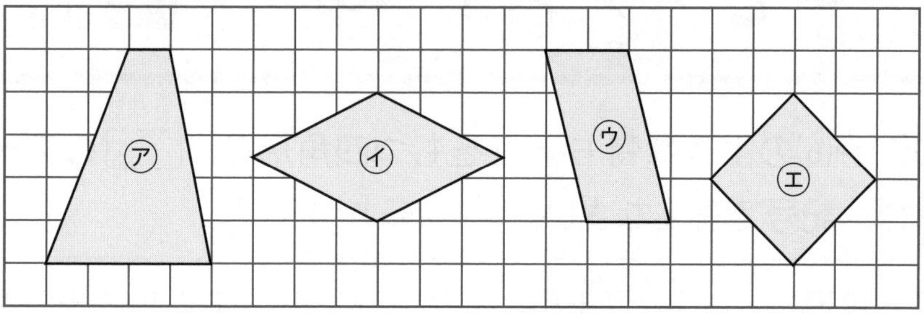

平行四辺形 ☐　ひし形 ☐　正方形 ☐

[2] 次の ☐ にことばや数字を入れて，文を完成(かんせい)させなさい。

(1) 平行四辺形は，向かい合う [㋐] 組の辺が平行で，[㋑] 長さです。また，向かい合う [㋐] 組の角も [㋑] 大きさです。

(2) ひし形は，[㋒] つの辺がすべて等しい長さです。また，向かい合う 2 組の辺は平行です。
向かい合う [㋓] は等しい大きさです。[㋔] が垂直(すいちょく)に交わります。

(3) 長方形は，[㋒] つの角がすべて直角である四角形で，[㋕] のせいしつをすべてもっています。また，2 本の [㋔] は等しい長さです。

(4) 正方形は，[㋒] つの角がすべて直角で [㋒] つの辺の長さがすべて等しい四角形で，[㋖] とひし形のせいしつをすべてもっています。

㋐ ☐　㋑ ☐　㋒ ☐　㋓ ☐

㋔ ☐　㋕ ☐　㋖ ☐

[3] 次のそれぞれの四角形について，㋐～㋔にあてはまる長さや角の大きさを答えなさい。

正方形　平行四辺形　ひし形　長方形

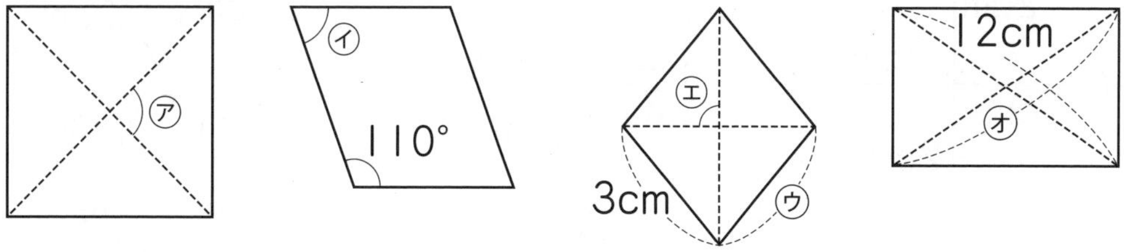

㋐ ☐　㋑ ☐　㋒ ☐　㋓ ☐　㋔ ☐

25日 まとめテスト (5)

➡答えは 76 ページ　　月　　日

時間 20分 【はやい15分・おそい25分】　得点　　点
合格 80点

1 次の(1)～(6)のような特ちょうをもつ四角形を，□のア～オからすべて選び，記号で答えなさい。(5 点× 6―30 点)

ア：台形　イ：平行四辺形　ウ：ひし形　エ：長方形　オ：正方形

(1) 向かい合う２組の辺が平行　［　　　］

(2) ２本の対角線の長さが等しい　［　　　］

(3) となり合う２つの角の和は 180°　［　　　］

(4) ４つの角がすべて直角　［　　　］

(5) ２本の対角線が垂直に交わる　［　　　］

(6) ４つの辺の長さがすべて等しい　［　　　］

2 下の図のように交わる２本の直線があります。点ア，イ，ウ，エ，アの順に，直線で結んでできる四角形の名まえをそれぞれ答えなさい。

(4 点× 3―12 点)

(1)

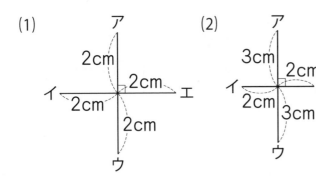

(2)

(3)

［　　　］　［　　　］　［　　　］

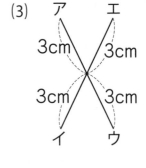

3 次のそれぞれの四角形について，㋐〜㋕にあてはまる長さや角の大きさを答えなさい。(5点×6—30点)

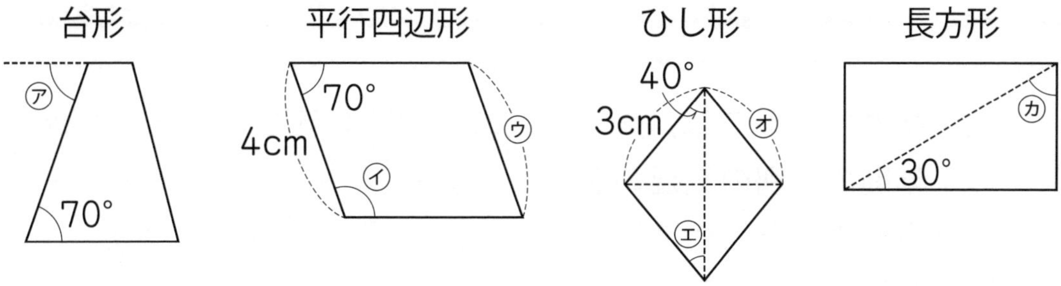

㋐ ［　　］ ㋑ ［　　］ ㋒ ［　　］ ㋓ ［　　］ ㋔ ［　　］ ㋕ ［　　］

4 1辺の長さが1cmの正三角形9こを右の図のようにならべました。(6点×3—18点)

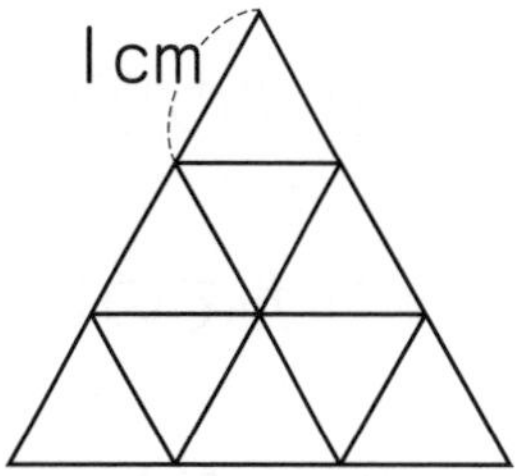

(1) 図の中に，まわりの長さが4cmのひし形は全部で何こありますか。

［　　］

(2) 図の中に，まわりの長さが5cmの台形は全部で何こありますか。

［　　］

(3) 図の中に，まわりの長さが6cmの平行四辺形は全部で何こありますか。

［　　］

5 右の図で，㋐は台形，㋑はひし形，㋒は平行四辺形です。(5点×2—10点)

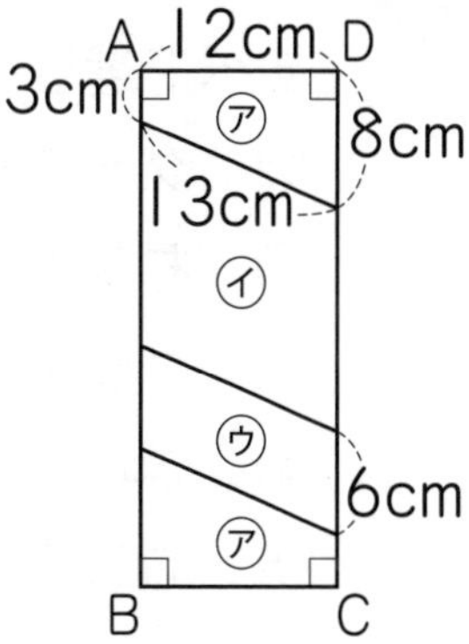

(1) 平行四辺形㋒のまわりの長さは何cmですか。

［　　］

(2) 長方形ABCDのまわりの長さは何cmですか。

［　　］

26日 折れ線グラフ（1）

右の折れ線グラフは，東町の1年間の月別の気温の変わり方を表したものです。空らんにあてはまることばを入れなさい。

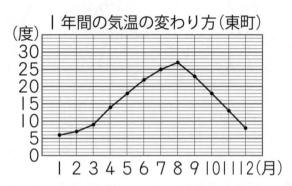

1年間の気温の変わり方（東町）

(1) 横のじくは ①□ を表してます。

(2) たてのじくは ②□ を表しています。

(3) 6月の気温は ③□ 度になります。

(4) 気温が20度をこえた月は，6月，7月，8月，④□月になります。

(5) いちばん低い気温は ⑤□ 度で，それは ⑥□ 月です。

ポイント 気温のように，時間とともに変わっていくもののようすを表すには，折れ線グラフを使います。

---

1 次のことがらをグラフに表すとき，折れ線グラフで表す方がよいものをすべて選び，記号で答えなさい。

㋐ クラス全員の身長

㋑ あみさんの毎朝7時にはかった体温

㋒ クラス別のカレーライスが好きな人の数

㋓ 学年別のけがをした人の数

㋔ ある日の1時間ごとの気温

□

2 右の折れ線グラフは，午前6時から午後5時までの1日の気温の変わり方を表したものです。

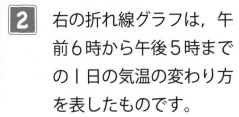

1日の気温の変わり方

(1) 横のじくは，何を表していますか。

（空欄）

(2) 午前10時の気温は何度ですか。

（空欄）

(3) 気温が25度以上なのは，午前何時から午後何時までの間ですか。

（空欄）

(4) いちばん高い気温は何度で，それは何時ですか。

気温 （空欄）　　時こく （空欄）

3 右の折れ線グラフは，名古屋とパリ（フランス）の月別の気温を表したものです。

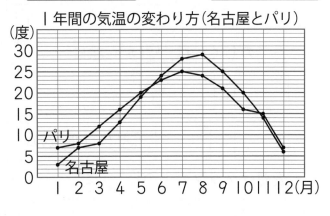

1年間の気温の変わり方（名古屋とパリ）

(1) 名古屋とパリで，気温の差がいちばん大きいのは何月で何度ですか。

（空欄）

(2) パリで1か月間の気温の下がり方がいちばん大きいのは，何月と何月の間ですか。

（空欄）

➡答えは 77 ページ　月　日

27日 折れ線グラフ (2)

次の表は，ある年の3月 26 日に調べた，北町の午前 10 時から午後5時までの気温を表したものです。

1日の気温の変わり方（3月 26 日調べ）

時こく(時)	午前 10	11	午後 0	1	2	3	4	5
気　温(度)	14	15	16	18	19	20	18	16

これを折れ線グラフにかきます。空らんにあてはまることばや数を入れなさい。

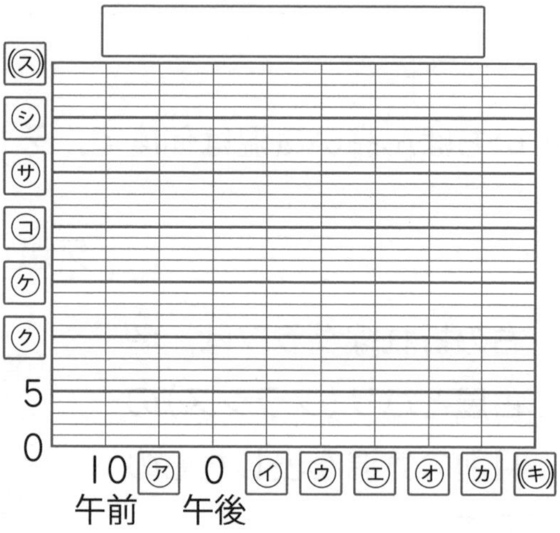

時こくを㋐には ① [　　]，㋑には ② [　　]，…と順に書いて，㋖には単位の ③ [　　] を書きます。

たてのじくには，㋗から順に ④ [　　]，⑤ [　　]，⑥ [　　]，⑦ [　　]，⑧ [　　]，㋜には単位の ⑨ [　　] を書きます。

表題はグラフの上の [　　] に，⑩ [　　　　　　] と書きます。

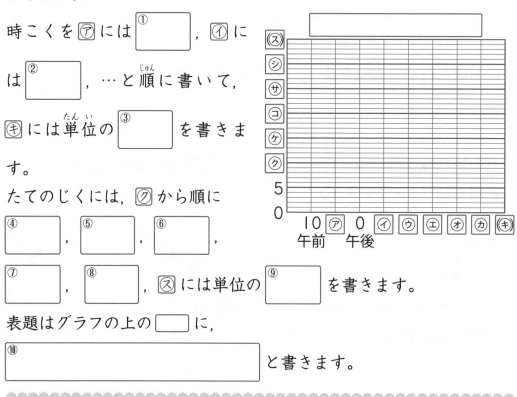

ポイント

折れ線グラフのかき方
横のじく，たてのじくに数と単位を書きます。点を打ち直線で結んで，表題を書きます。

1 次の表は，ある年の東京の1年間の気温の変わり方を表したものです。
これを折れ線グラフにかきます。

1年間の気温の変わり方（東京）

月	1	2	3	4	5	6	7	8	9	10	11	12
気温（度）	6	7	9	14	18	22	25	27	23	18	13	8

(1) 横のじくの □ に数と単位を書きなさい。

(2) たてのじくの □ に数と単位を書きなさい。

(3) それぞれの月の気温を表すところに点を打ち，点を直線で結びなさい。

(4) 表題を書いて，グラフを完成させなさい。

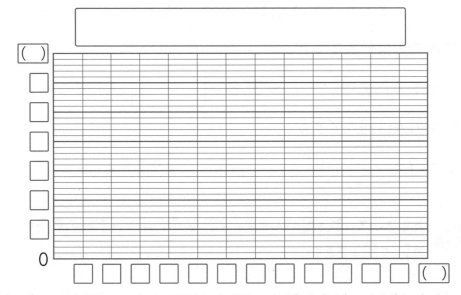

(5) グラフを見て，1か月間で気温の上がり方がいちばん大きいのは，何月
と何月の間ですか。

(6) グラフを見て，1か月間で気温の下がり方がいちばん小さいのは，何月
と何月の間ですか。

(7) いちばん気温が高い月と，いちばん気温が低い月の差は何度ありますか。

➡答えは 78 ページ　月　日

28日 整理のしかた (1)

ある日のテーマパークの入場者数を調べると，右の表のようになりました。

テーマパークの入場者数　(人)

	男	女	合　計
大　人	㋐	㋑	3549
子ども	358	㋒	689
合　計	㋓	2843	㋔

⑴ 男の人は何人ですか。

右の表から，㋔＝3549＋689＝4238 とわかります。次に，㋓について，㋓＝4238−2843＝①□ となり，男の人は ①□ 人となります。

⑵ 大人の男の人は何人ですか。

⑴の答えから，㋐＝①□−358＝②□（人）となります。

⑶ 大人の女の人は何人ですか。

㋑＝3549−②□＝③□（人）となります。

ポイント 表をつくって，数を整理します。合計などから，それぞれの数を求(もと)めることができます。

1 A遊園地とB美じゅつ館に行った人を調べると，右の表のようになりました。

A遊園地とB美じゅつ館に行った人　(人)

	Aに行った	Aに行かない	合　計
Bに行った	㋐	㋑	2871
Bに行かない	2594	㋒	㋓
合　計	3574	2263	㋔

⑴ ㋐は何人ですか。

□

⑵ A遊園地には行かなかったが，B美じゅつ館には行った人は何人ですか。

□

2 クラス33人で国語と算数の好きな人，きらいな人を調べると，右の表のようになりました。ただし，クラス全員が好きかきらいか，どちらかに答えたものとします。

国語，算数の好ききらい調べ　（人）

算数＼国語	好　き	きらい	合　計
好　き	12	㋐	㋑
きらい	㋒	5	㋓
合　計	24	㋔	㋕

(1) ㋕は何人ですか。

(2) ㋔は何人ですか。

(3) 算数は好きだが，国語はきらいな人は何人ですか。

(4) 国語は好きだが，算数はきらいな人は何人ですか。

3 4年生全員131人で，メガネを持っている人，コンタクトレンズを持っている人を調べると，右の表のようになりました。

メガネとコンタクトレンズを持っている人　　（人）

コンタクトレンズ＼メガネ	持っている	持っていない	合　計
持っている	㋐	㋑	15
持っていない	㋒	104	㋓
合　計	26	㋔	㋕

(1) メガネを持っていない人は何人ですか。

(2) ㋓は何人ですか。

(3) ㋐は何人ですか。

(4) コンタクトレンズを持っているが，メガネを持っていない人は何人ですか。

29日 整理のしかた (2)

右の表は，1週間に学校でけがをした人の記録(きろく)をまとめたものです。

(1) 体の部分とけがの種類(しゅるい)について，次の表にまとめました。□にあてはまる数を求(もと)めなさい。

体の部分とけがの種類

体の部分	けがの種類	体の部分	けがの種類
顔	すりきず	手	打ぼく
手	切りきず	足	打ぼく
足	打ぼく	足	すりきず
手	すりきず	顔	すりきず
足	すりきず	手	打ぼく
足	打ぼく	手	切りきず
手	切りきず	手	切りきず
顔	すりきず	足	すりきず
手	切りきず	手	打ぼく
足	すりきず	足	打ぼく

体の部分とけがの種類

	すりきず	切りきず	打ぼく	合計
手	1	㋐	3	㋑
足	4	0	4	8
顔	㋒	0	0	3
合計	㋓	5	7	㋔

㋐は手の切りきずなので，① □ 人います。㋑は手のけがをした人の合計なので，1+㋐+3=② □（人）です。㋒は顔のすりきずなので③ □ 人です。㋓はすりきずの合計なので，

1+4+㋒=④ □（人），㋔は全員の人数なので⑤ □ 人です。

(2) 手のけがでいちばん多かったのはどんなけがですか。

手のらんを横に見て，いちばん人数が多いのは⑥ □ です。

ポイント 記録を見やすく，整理して表にまとめると調べやすくなります。

1

右の表は，1週間に学校でけがをした人の記録をまとめたものです。

学年とけがをした場所

	校庭	ろう下	教室	合計
4年				
5年				
6年				
合計				20

学年とけがをした場所

学年	場所	学年	場所
4	校庭	5	教室
6	ろう下	6	ろう下
5	教室	6	ろう下
4	校庭	5	教室
4	校庭	6	校庭
5	教室	6	校庭
6	校庭	6	ろう下
5	校庭	4	教室
4	教室	5	ろう下
4	ろう下	5	ろう下

(1) 右の表を完成させなさい。

(2) 4年，5年，6年のうち，けががもっとも少ないのは何年ですか。

(3) けがをした人が，もっとも少ないのはどこですか。場所を答えなさい。

2

右の表は，1か月間で図書館から本を借りた人の記録をまとめたものです。

(1) 表の㋐，㋑，㋒，㋓にあてはまる数を求めなさい。

学年と借りた本の種類　　　（人）

	伝　記	すい理小説	科　学	合　計
4　年	56	24	㋐	101
5　年	68	㋑	56	182
6　年	㋒	94	28	167
合　計	169	㋓	105	450

㋐　　　　　㋑　　　　　㋒　　　　　㋓

(2) すい理小説をいちばん多く借りた学年は何年ですか。

(3) 4年で，いちばん多く借りた本の種類は何ですか。

まとめテスト (6)

➡答えは 78 ページ

月　　日

時間 **20分**
【はやい15分・おそい25分】

得点

合格 **80点**

点

① 右の折れ線グラフは，1日の気温と地面の温度の変わり方を表しています。

(8点×2―16点)

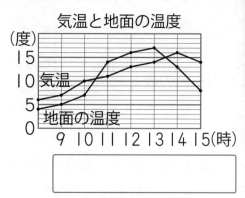

気温と地面の温度

(度)

気温

地面の温度

9 10 11 12 13 14 15(時)

(1) 1時間で，気温の上がり方がいちばん大きいのは何時と何時の間ですか。

(2) 気温と地面の温度の差がいちばん大きいのは何時ですか。

② 次の表は，1日の気温の変化を調べたものです。(10点×2―20点)

時こく(時)	午前 6	7	8	9	10	11	午後 0	1	2	3	4	5
気　温(度)	16	16	17	18	19	20	23	24	25	26	24	23

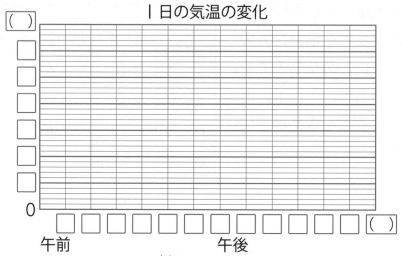

1日の気温の変化

( )

0

午前　　　　　　　午後　　( )

(1) 横のじくとたてのじくの数と単位をそれぞれ書きなさい。また，気温を・でとり，それらを直線で結び，グラフを完成させなさい。

(2) いちばん高い気温といちばん低い気温の差を答えなさい。

③ あるクラスで，ネコと犬をかっているかどうかを調べたところ，右の表のようになりました。

(8点×3—24点)

ネコと犬をかっている人　　　（人）

犬 ＼ ネコ	かっている	かっていない	合　計
かっている	10	㋐	18
かっていない		9	㋑
合　計	㋒		32

㋐，㋑，㋒にあてはまる数を求めなさい。

㋐ [　　　]　　㋑ [　　　]　　㋒ [　　　]

④ ある4年生のクラス33人の全員が漢字のテストを受けました。問題は3問あり，1問目が正しいときは1点，2問目が正しいときは2点，3問目が正しいときは4点もらえます。次の表は，テストの点数ごとの人数をまとめたものです。(10点×4—40点)

点　数（点）	0	1	2	3	4	5	6	7
人　数（人）	4	1	8	5	2	3	4	6

(1) 3問目が正しい人は何人いますか。

[　　　]

(2) 3問目だけが正しい人は何人いますか。

[　　　]

(3) 1問目か2問目かの，少なくともどちらかが正しい人は何人いますか。

[　　　]

(4) 2問目だけが正しい人は何人いますか。

[　　　]

➡答えは 79 ページ　月　日

進級テスト

時間 30分 【はやい25分・おそい35分】
合格 75点
得点　点

1 次の図の㋐～㋓の角はそれぞれ何度ですか。分度器(ぶんどき)で使わないで，計算で求(もと)めなさい。(2)は１組の三角じょうぎを組み合わせたもの，(3)の直線Aと直線Bは平行，(4)は長方形を折(お)り返したものです。（4点×4―16点）

(1)

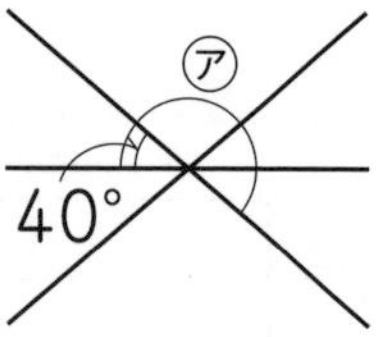

(2)

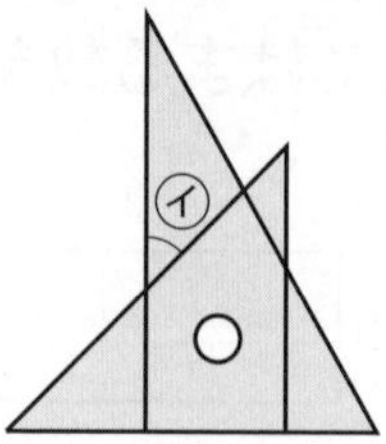

(3)

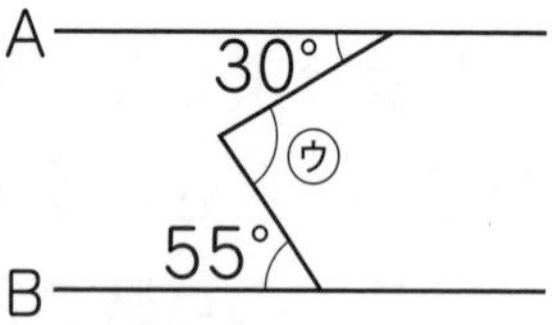

(4)

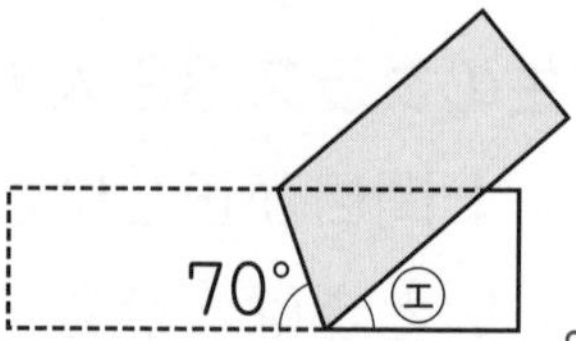

2 284 ページの本を毎日読みます。（4点×2―8点）

(1) １日に７ページずつ読むとすると，何日で読み終わりますか。

(2) (1)の答えは何週間と何日ですか。

3 バナナ 26 本とみかん 40 こを何人かに配りました。バナナを４本ずつ配ると，２本たりませんでした。（5点×2―10点）

(1) 配った人数を答えなさい。

(2) みかんを同じ人数に配ると，５こあまりました。みかんは１人に何こずつ配りましたか。

4 次の数を，数字で書きなさい。(4点×2—8点)

(1) 六百三億(おく)三千二十五万九千八百三十二

(2) 1億を105こと，1万を362こ合わせた数

5 1から9までの9この数字を1つずつ使って，9けたの数をつくります。7億にいちばん近い数を答えなさい。(5点)

6 ある小数から4.38をひく計算を，まちがえて3.48をひいてしまったため，答えが5.02になりました。(4点×2—8点)

(1) ある小数を求めなさい。

(2) 正しい答えを求めなさい。

7 次の式で，1か所に(　)をつけて正しい式になるようにしなさい。

(5点×2—10点)

(1) 59−2×2+8×2=19　　(2) 8÷2+2×5−3=8

8 次の問題で，求める数を□として1つの式に表して，答えを求めなさい。

(5点×2—10点)

1こ110円のメロンパンを3こと，1こ140円のクロワッサンを何こか買ったところ，代金は1310円でした。クロワッサンは何こ買いましたか。

式　　　　答え

9 次の(1)～(3)のようなせいしつをもつ四角形を，□のア～オからすべて選び，記号で答えなさい。(4点×3—12点)

> ア：台形　イ：平行四辺形　ウ：ひし形　エ：長方形　オ：正方形

(1) 向かい合う2組の角が等しい。

　　　　　　　　　　　　　　　　□

(2) 4つの角がすべて90°になっている。

　　　　　　　　　　　　　　　　□

(3) 2本の対角線が垂直に交わる。

　　　　　　　　　　　　　　　　□

10 1辺が6cmの正方形を5こ，右の図のように重ねました。この図形のまわりの長さは何cmですか。ただし，色のついた正方形は1辺が2cmの正方形です。(5点)

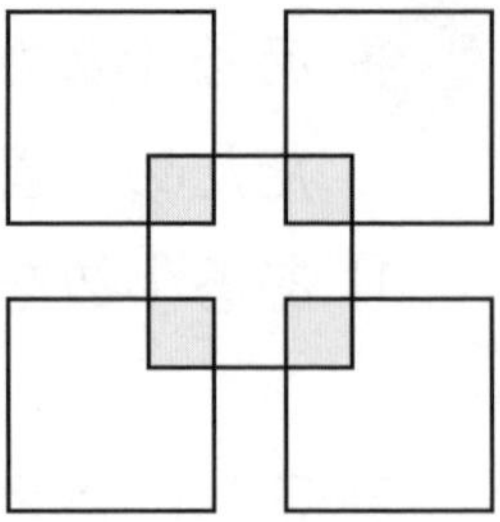

　　　　　　　　　　　　□

11 次の表は，4年生から6年生が，1週間に学校でけがをした人の記録をまとめたものです。(4点×2—8点)

学年とけがの種類　　　　　　（人）

	すりきず	切りきず	打ぼく	合　計
4年生	3	0		4
5年生		2	0	5
6年生	4		2	9
合　計		5	3	

(1) 6年生の切りきずは何人いますか。

　　　　　　　　　　　　　　　　□

(2) 5年生のけがで，いちばん多いけがは何ですか。

　　　　　　　　　　　　　　　　□

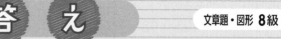

答え

●1日 2～3ページ

①3　②2　③4　④40°　⑤130°　⑥60

⑦300

[1] (1)50°　(2)230°

[2] (1)㋐120°　㋑60°　(2)㋒65°　(3)㋓80°

(4)㋔48°　(5)㋕244°　(6)㋖105°

[3] (1)180°　(2)150°

とき方

[1] (1)分度器の中心と 0° の線を，頂点と辺に合わせてはかります。

(2) 180° より大きい角なので，右の図の㋐の角を分度器ではかると 130° とわかり，360° から 130° をひいて求めます。

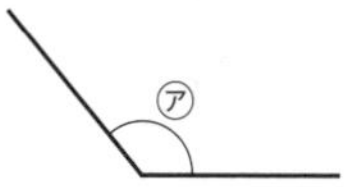

[2] (1) 1 直線の角は 180° ですから，㋐，㋑の角は，㋐=180°−60°=120°

㋑=180°−120°=60°

> **チェックポイント** 向かい合う角を，対頂角といい，いつも等しくなります。よく使うので覚えておきましょう。

(2)㋒の角は下の図の㋗の角に等しいので，㋒=㋗

よって，180°−30°−85°=65°

(3)㋓の角は下の図の㋘の角に等しいので，㋓=㋘

よって，150°+110°−180°=80°

または，180°−150° = 30°

110°−30° = 80°

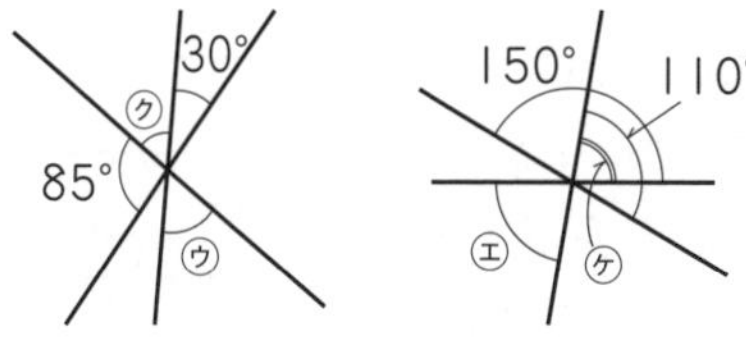

(4) 1 周の角は 360° なので，

㋔=360°−280°−32°=48°

(5) 1 直線の角は 180° なので，

㋕=180°+64°=244°

(6) 45° の向かい合う角を考えると，

㋖=60°+45°=105°

[3] (1)時計の長いはりは，60 分間に 360° まわるので，30 分間では，その半分の 180°

(2)時計の短いはりは，12 時間に 360° まわるので，1 時間では 30° まわります。5 時間では，

30°×5=150°

●2日 4～5ページ

①45°　②45°　③60°　④30°　⑤45

⑥135　⑦45　⑧75

[1] (1)(例)

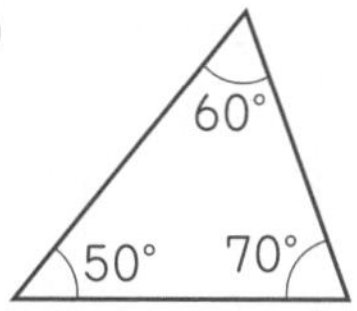

(2)(例)

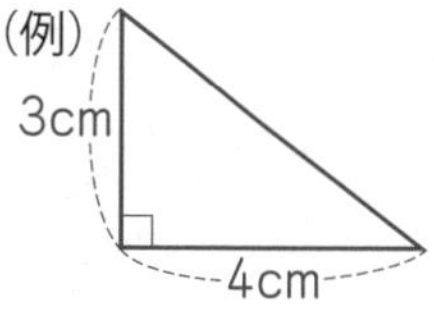

[2] (1)㋐135°　㋑105°　(2)㋐120°　㋑45°

(3)㋐135°　㋑45°　(4)㋐135°　㋑30°

[3] ㋐54°　㋑108°

とき方

[1] 答えの例の三角形は，次のようにかきます。上の例以外に向きがちがったり，うら返っていてもかまいません。

(1)水平な直線をひき，左の角は 50°，右の角は 70° になる直線を分度器を使ってひいて，その交わった点をとると三角形ができます。

(2)じょうぎで長さ 3 cm のたての直線をひき，分度器で直角をとって，長さ 4 cm の直線をひきます。

[2] (1)下の三角形の 3 つの角は 45°，45°，90° なので，㋐= 180°−45° = 135°

上の三角形の 3 つの角は 30°，60°，90° なので，㋑=60°+45°=105°

(2)㋐=180°−60°=120°

㋑=90°−45°=45°

(3)㋐=180°−45°=135°

直角三角形の 3 つの角の和は 180° になるので，

㋑=180°−90°−45°=45°

(4)㋐=180°−45°=135°

㋑=180°−90°−60°=30°

3 右の図より，㋐の角と同じ大きさの角はもう１つあるので，
㋐の角は，180°−72°=108°
108°÷2=54°
右の図のように，126°の角はもう１つあるので，㋑の角は，
126°×2=252°　360°−252°=108°

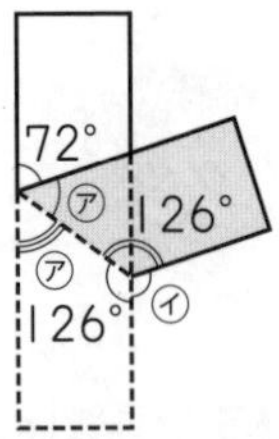

●3日 6～7ページ

①カ　②ア　③ウ（②，③は入れかわってもよい。）

1 (1)直線ク　(2)直線アと直線エ

2 (1)直線ウ，直線オ　(2)直線カ，直線キ，直線ク

3 (1)辺エウ　(2)辺アエ，辺イウ
(3)4本　(4)辺クウ，辺キエ，辺カオ

4 (1)

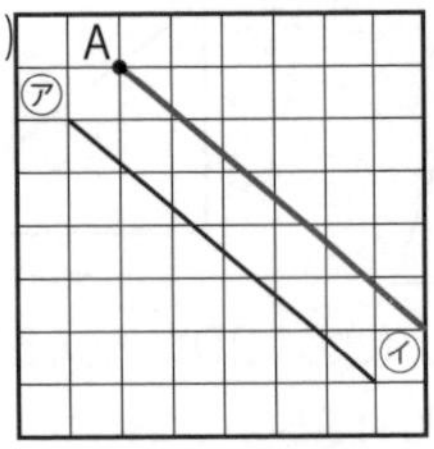

(2)

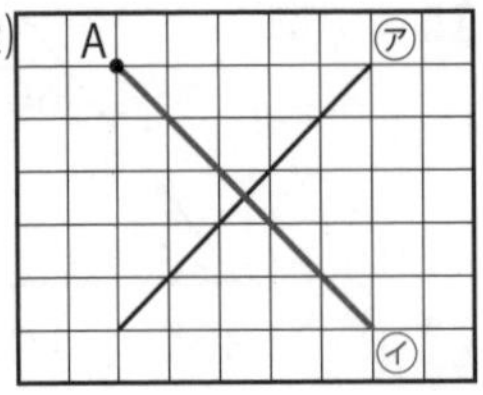

(3)

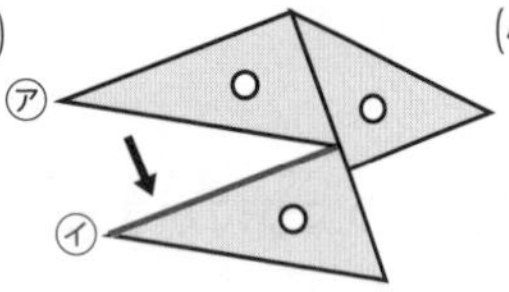

(4)

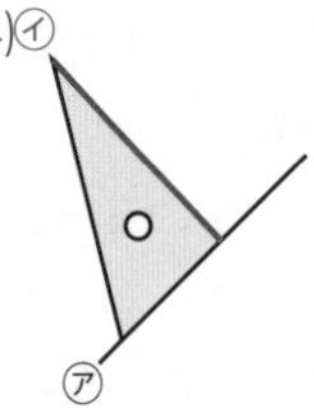

とき方

1 (1) 90°に交わっている直線をさがします。
(2)えん長しても交わらない直線の組をさがします。

2 (1)水平な直線はすべて平行です。
(2)3本あり，これらはたがいに平行です。

3 (1)辺アイはたての辺で，正方形はとなり合う辺がたがいに垂直になっているので，たての辺を答えます。
(2)水平な辺をすべて答えます。
(3)(4)たての辺をすべて答えます。

4 (1)点Aから右へ6目もり，下へ5目もり進んだ点と点Aを通る直線が平行な直線になります。
(2)点Aから右へ１目もり，下へ１目もりずつ進んでいく点と点Aを通る直線が垂直な直線になります。
(3)(4)三角じょうぎを，答えの図のように使ってひきます。

●4日 8～9ページ

①キ　②ウ　③オ（①，②，③は入れかわってもよい。）④45　⑤135

1 角イ…55°，角ウ…125°

2 (1)角コ，角シ　(2)角ウ，角ケ，角キ

3 (1) 70°　(2) 20°

4 (1) 30°　(2) 80°

5 角ア…30°，角イ…30°，角ウ…120°

とき方

1 平行な直線は，ほかの直線と等しい角で交わるから，角イは55°
角ウは，180°から角イの55°をひいて，125°

チェックポイント 角アと角ウのような関係を同位角（どういかく），角アと角オのような関係をさっ角といいます。

2 (1)直線Dと直線Eが平行で，直線Bが交わっているので，角アは角コと角シと等しい大きさの角です。
(2)角ウは角オと向かい合う角なので，等しい大きさです。また，直線Aと直線C，直線Dと直線Eが平行なので，角オは角ケ，角キとも等しい大きさになります。

3 (1)110°の右の角は，180°−110°=70°になり，直線Aと直線Bが平行，直線Cと直線Dが平行より，角アの大きさは70°になります。
(2)右の図のようになるので，110°−90°=20°

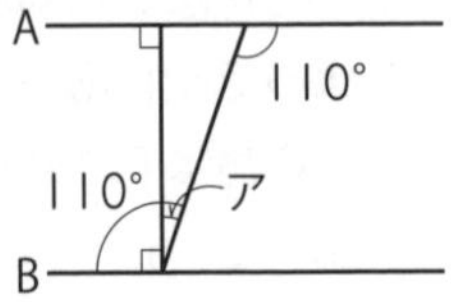

4 (1)直線Aと直線Cが平行なので，角アの大きさは30°
(2)(1)と同じように考えると，右の図の二重線の角は50°になります。したがって，角イの大きさは，
30°+50°=80°

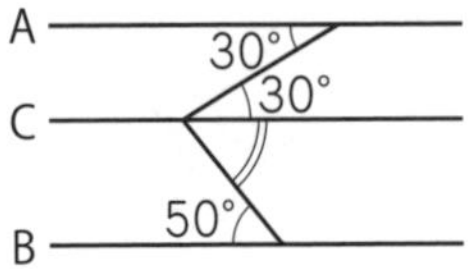

チェックポイント (2)で，2本の平行な直線の間にひいた平行な直線をほ助線といいます。角の問題を考えるときなどに役にたつ線です。

[5] 折り返した部分は，折り返す前と同じ形であることに注意します。右の図で角エは 30°，よって，
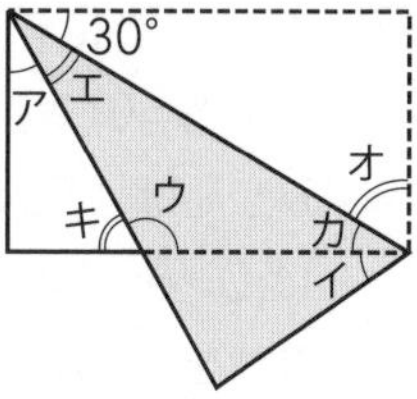

角アは，30°×2=60°，
90°−60°=30°
また，角オは 60° で，角カは
90°−60°=30° になるので，角イは，
60°−30°=30°
角キは，180°−90°−30°=60° なので，
角ウは，180°−60°=120°

●5日 10～11ページ

[1] (1) 130° (2) 110° (3) 90° (4) 225°
[2] (1) 150° (2) 720°
[3] (1)㋐ 135° ㋑ 135°
(2)㋐ 60° ㋑ 135°
[4] (1)直線エ
(2)直線イ，直線エ
[5] (1)辺オカ，辺クキ，辺エウ
(2)辺アエ，辺イウ，辺オク，辺カキ
[6] ㋐75° ㋑140°
[7] (1) 44° (2) 70°

とき方

[1] (1)向かい合う角の大きさは等しいので 130°
(2) 1 直線の角は 180° なので，
180°−70° = 110°
(3)角アの向かい合う角と，40° と 50° をたすと 180° になるので，180°−40°−50°=90°
(4) 1 直線の角 180° と 45° をたして求めます。
[2] (1)文字ばんのとなり合う数字の間の角の大きさは 30° になっているので，30°×5=150° になります。
(2)時計の長いはりは 1 時間に 360° まわるので，2 時間では，360°×2=720° まわります。
[3] (1)右の図で二重線の角は，両方とも 45° になります。角㋐，角㋑ともに，
180°−45° = 135°
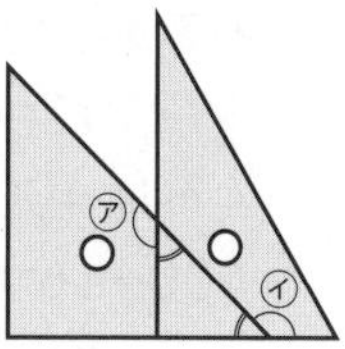

(2)右上の図で角㋐は，二重線の角と等しいので 60°，角㋑のとなりの角は三重線の角と等しいので，角㋑は，
180°−45° = 135°
[4] (1)えん長しても直線イと交わらない直線を見つけます。答えは直線エになります。
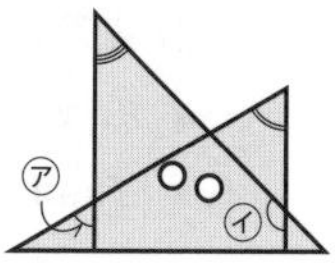

(2)垂直とは 90° に交わっていることなので，直線イと直線エが答えになります。
[5] (1)辺アイ以外（いがい）の長方形のたての辺をすべて答えます。
(2)辺オカと平行な辺以外をすべて答えます。
[6] 右の図のように，直線 A，B に平行なほ助線をひきます。
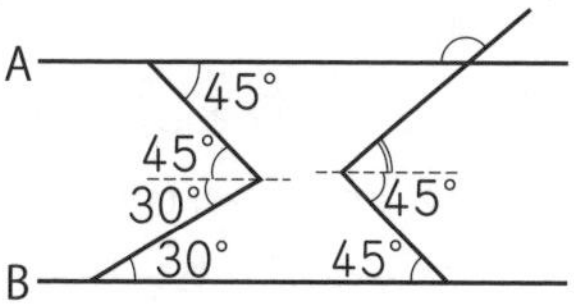

角㋐=45°+30°=75°
右の図の二重線の角は，85°−45°=40°
この角は右上にもあるので，
角㋑=180°−40°=140° になります。
[7] (1)右の図で，二重線の角は 112° になります。角イは，180°−112°=68° なので，角イの上の角は，
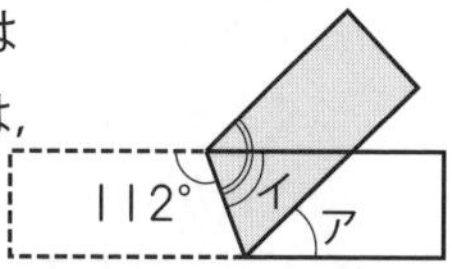

112°−68°=44° この角が平行線のせいしつで角アと等しくなるので，角アは 44° になります。
(2) 55° の左の角も 55° になるので，55° の右の角は，180°−55°−55°=70° です。この角が平行線のせいしつで角アと等しくなるので，角アは 70° になります。

●6日 12～13ページ

①6 ②16 ③7 ④13 ⑤5
[1] (1)19 まい
(2)1 人分…15 まい，あまり…1 まい
(3)5×15+1=76
[2] 1 人分…14 まい，あまり…2 まい
[3] 20 日目
[4] (1)98 (2)商…19，あまり…3
[5] (1)18 きゃく (2)7 人

とき方

[1] (1)分けるので，わり算で求めます。
76÷4 = 19(まい)
(2) 76÷5 = 15(まい)あまり 1(まい)

(3)わり算のたしかめは，わる数×商+あまり=わられる数 になっていることを調べます。

5×15+1=75+1=76

となり，計算が正しいことがわかります。

② 72÷5=14(まい)あまり2(まい) となるので，1人分は14まいで，あまりは2まいです。

③ 79÷4=19(日)あまり3(ページ) となるので，残りの3ページを読むのに，もう1日必要だから，19+1=20 より，20日目で読み終わります。

④ (1)ぎゃく算をして，ある数を求めます。

6×16+2=96+2=98

(2)98÷5=19あまり3 となります。

⑤ (1)子どもの人数83人から，すわれない子ども11人をひいて，その子どもの数を4でわると長いすの数がわかります。

83−11=72　72÷4=18(きゃく)

(2)長いすは，(1)より18きゃくあるので，5人ずつすわることにすると，5×18=90(人) すわることができます。よって，90−83=7 より，あと7人すわることができます。

● 7日 14〜15ページ

①7　②56　③6　④116

① (1)32日　(2)29日

② 320円

③ 118 mL

④ (1)48こ　(2)よう器…28こ，あまり…8こ

⑤ (1)9人　(2)16こ

とき方

① (1)256÷8=32(日)

(2)256÷9=28(日)あまり4(ページ) なので，残りの4ページを読むのに，もう1日必要だから，28+1=29 より，29日で読み終わります。

② 960÷3=320(円)

③ 全体の760 mL から残りの52 mL をひいて，

760−52=708(mL)

これを6人で分けるので，

708÷6=118(mL)

④ (1)288÷6=48(こ)

(2)288÷10=28(こ)あまり8(こ)

⑤ (1)バナナに目をつけると，配った人数は，72÷8=9(人) になります。

(2)みかんは150こあり，あまりは6こなので，

150−6=144(こ)

これを，(1)より9人で分けるので，

144÷9=16(こ)

● 8日 16〜17ページ

①26　②25

① (1)18人　(2)17×18=306

② 8本

③ (1)592人　(2)16列

④ (1)16まい　(2)8こ

⑤ (1)16 cm　(2)25本

とき方

① (1)306÷17=18(人)

(2)わる数×商=わられる数 がなりたつかどうかたしかめます。

17×18=306 よりなりたちます。

② 1 m 84 cm=184 cm だから，

184÷23=8(本)

③ (1)32×18+16=576+16=592(人)

(2)592÷37=16(列)

④ (1)あめを24こ買った代金は，

15×24=360(円)

残ったお金は，1000−360=640(円)

このお金でせんべいを買うので，せんべいのまい数は，640÷40=16(まい)

(2)せんべいを22まい買った代金は，

40×22=880(円)

残ったお金は，1000−880=120(円)

このお金であめを買うので，あめのこ数は，

120÷15=8(こ)

⑤ (1)2 m は200 cm なので，

200−8=192(cm) で短いテープが12本とれます。よって，短いテープの長さは，

192÷12=16(cm)

(2)4 m は400 cm なので，短いテープの本数は，

400÷16=25(本)

● 9日 18〜19ページ

①75　②10　③750

[1] (1)1 人分…12 さつ，あまり…8 さつ
(2)16×12+8=200
[2] 17 人に配ることができて，20 まいあまる
[3] 14 回
[4] 3こ
[5] (1)903 (2)商…39，あまり…6
[6] (1)27 まいずつ (2)112 まい

[とき方]

[1] (1)200÷16=12(さつ)あまり8(さつ) になるので，1 人分は 12 さつで，あまりは8さつになります。
(2)わる数×商+あまり=わられる数 になるかをたしかめます。16×12+8=200 となり正しいことがわかります。
[2] 428÷24=17(人)あまり20(まい) となり，17 人に配ることができて，20 まいあまることがわかります。
[3] 360÷27=13(回)あまり9(こ) となり，残りの9この荷物を運ぶのに，もう1回運ぶ必要があります。よって，13+1=14 より，運び終えるのに 14 回かかります。
[4] 500 円から，赤えん筆の代金
85×3=255(円) と残りの 65 円をひくと，
500−255−65=180(円)
これが消しゴムの代金なので，消しゴムのこ数は，180÷60=3(こ) になります。
[5] (1)わる数×商+あまり=わられる数 なので，32×28+7=903 になり，これがある数になります。
(2)903÷23=39あまり6 になるので，正しい答えは，商が 39，あまりは6になります。
[6] (1)500÷18=27(まい)あまり14(まい) となるので，27 まいずつ配ることができます。
(2)あと7まいずつ多くなるように配るとすると，27+7=34(まい) より，それぞれのクラスに 34 まいずつ画用紙を配ることになるので，全部で 34×18=612(まい) 必要です。よって，612−500=112(まい) なので，あと 112 まい必要です。

●10日 20～21 ページ

①6 ②8 ③162 ④27

[1] (1)4 倍 (2)12 まい
[2] (1)26 さつ (2)130 さつ
[3] (1)4 倍 (2)7 倍
[4] (1)5 倍 (2)赤

[とき方]

[1] (1)何倍になるかは，わり算で求めます。
192÷48=4(倍)
(2)もとの量は，わり算で求めます。
48÷4=12(まい)
[2] (1)78÷3=26(さつ)
(2)科学の本は，26 さつの5倍だから，
26×5=130(さつ)
[3] (1)36÷9=4(倍)
(2)3 年後には，お父さんは 45 才，お母さんは 39 才で，2人の年令の和は，
45+39=84(才)
また，3 年後まさみさんは，9+3=12(才) になっているので，84÷12=7(倍) になります。
[4] (1)225÷45=5(倍)
(2)青いビーズのこ数は，270÷90=3(倍) にふえています。赤いビーズのこ数は5倍にふえているので，赤の方がふえ方が大きいといえます。

[チェックポイント] 225−45=180(こ)，270−90=180(こ) より，ふえたこ数はどちらも 180 こですが，「何倍」を比べることで，赤の方が青よりふえ方が大きいといえます。

●11日 22～23 ページ

[1] 1 人分…8 まい，あまり…5 まい
[2] (1)16 人 (2)2 m
[3] (1)55 日 (2)7 週間と 6 日 (3)41 日
[4] 人数…15 人，あまり…10 まい
[5] (1)316 (2)商…5，あまり…6
[6] (1)11 人 (2)5 本ずつ
[7] 5 kg

[とき方]

[1] 同じ数ずつ分けるときは，わり算で求めます。
53÷6=8(まい)あまり5(まい)
[2] (1)62−14=48 48÷3=16(人)
(2)4×16=64 64−62=2(m)
[3] (1)325÷6=54(日)あまり1(ページ) より，

残りの１ページを読むのにもう１日必要だから，
54+1=55 より，55 日かかります。

(2)１週間は７日なので，55÷7=7(週間)あまり6(日) より，答えは７週間と６日です。

(3)325÷8=40(日)あまり5(ページ) より，残りの５ページを読むのにもう１日必要だから，
40+1=41 より，41 日かかります。

❹ 250÷16=15(人)あまり10(まい) となるので，答えは 15 人に分けることができて，あまりは 10 まいです。

❺ (1)ある数は，26×12+4=312+4=316 になります。

(2)正しい商とあまりは，
316÷62=5あまり6

❻ (1)48 こに７こをたすと１人に５こずつ配ることができるので，48+7=55
55÷5=11(人) です。

(2)バナナが 52+3=55(本) あれば 11 人に配ることがきるので，１人分は，
55÷11=5(本) になります。

❼ ひろしさんの体重は，75÷3=25(kg) で，ひろしさんがかっている犬の体重は，
25÷5=5(kg) になります。

●12日 24～25ページ

①兆　②百　③億　④万　⑤0　⑥6　⑦8　⑧8

[1] (1)七億四千三百二十万三千六百三十一
(2)三十二兆五千八百七億二十一万三千二百

[2] (1)3871200036
(2)5250838512005
(3)705000020368325

[3] (1)6030200000
(2)2003800030000
(3)1300120003002

[と き 方]

[1] 右から４けたごとに線をひいて，万，億，兆と位を書きます。

(1)億|　万|
7|4320|3631
これから答えは，
七億四千三百二十万三千六百三十一になります。

(2)右から４けたごとに線をひくと，
32|5807|0021|3200
これから答えは，
三十二兆五千八百七億二十一万三千二百になります。

[2] (1)億と万に目をつけて，38 の次に 7120，そして 0036 を書いて答えとなります。答えは，3871200036 になります。

(2)兆と億と万に目をつけて，５を書いて次に 2508，次に 3851，そして 2005 を書くと，答えは，5250838512005 になります。

(3)兆と万に目をつけて，705 と書いて，次に億の位は何もないので 0000 として，次に 2036 を書いて，最後に 8325 を書きます。答えは，705000020368325 になります。

[3] (1)億の位，万の位と順に考えて答えを書きます。億の位は 60，万の位は 3020 で最後に 0000 を書いて，答えは 6030200000 になります。

(2)兆の位は 2，億の位は 0038，万の位は 0003，最後に 0000 を書いて，答えは，2003800030000 になります。

(3)兆の位は 13，億の位は 0012，万の位は 0003，最後に 0002 を書いて，答えは，1300120003002 になります。

●13日 26～27ページ

①2　②0　③4　④5000　⑤8000　⑥2000

[1] (1)百億…5，十万…3
(2)百億…8，十万…7

[2] 1150億

[3]
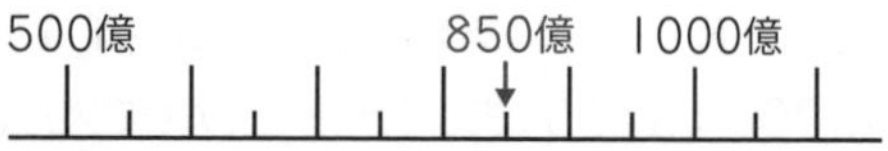

[4] (1)11　(2)㋐6　㋑9　㋒2

[と き 方]

[1] (1)右から４けたずつ区切っていきます。
3|4578|0235|1247
これから百億の位の数字は５，十万の位の数字は３とわかります。

(2)右から４けたずつ区切っていきます。
90|3859|3172|1000
これから百億の位の数字は８，十万の位の数字は７とわかります。

[2] 大きな目もり1つが100億，小さな目もり1つが50億を表しているので，矢印は1150億になります。

[3] 大きな目もり1つが100億，小さな目もり1つが50億を表しているので，解答の数直線のようになります。

[4] (1)右から4けたずつ区切っていきます。
1|0792|5284|8800
百億の位の数字は7，一万の位の数字は4なので，和は11になります。
(2)千億の位の数字は7なので，㋑はそれより大きい数の8か9になります。もし㋑が8だとすると，㋐の数は，8−3=5 となりますが，㋐の数は㋒の数の3倍より，3か6か9しかないので，あてはまりません。
もし㋑が9だとすると，㋐は，9−3=6 となり，㋐の数を3でわって，6÷3=2 になるので，㋒は2になります。よって，㋐は6，㋑は9，㋒は2とわかります。

[チェックポイント] (2)の問題のように，何通りかのことをじっくりと考えていくことは，算数ではたいせつなことです。このような考え方を，場合分けといいます。

●14日 28～29ページ

①7　②70　③4　④4000

[1]

	㋐	㋑	㋒
×10	2000億	4000万	30兆
÷10	20億	40万	3000億

[2] (1)1000億　(2)200万　(3)6兆

[3] (1)123456789
(2)九億八千七百六十五万四千三百二十一

[4] (1)1023456789
(2)2987654310

[とき方]

[1] 10倍すると位が1けた上がり，㋐は2000億，㋑は4000万，㋒は30兆になります。
また，10でわると位が1けた下がり，㋐は20億，㋑は40万，㋒は3000億になります。

[チェックポイント] 10倍すると位が1けた，100倍すると位が2けた上がり，$\frac{1}{10}$にすると位が1けた，$\frac{1}{100}$にすると位が2けた下がることはとてもたいせつなことです。このようなしくみを覚えておきましょう。

[2] (1)1000万を100倍した数は10億で，1兆を10でわった数は1000億なので，大きい数は1000億になります。
(2)2億を100でわった数は200万で，1000万を10でわった数は100万なので，大きい数は200万になります。
(3)500億を100倍した数は5兆で，600兆を100でわった数は6兆なので，大きい数は6兆になります。

[3] (1)左から順に小さい数字がならぶようにします。答えは，123456789になります。
(2)左から順に大きい数字がならぶようにします。987654321になるので，これを漢字で書くと，九億八千七百六十五万四千三百二十一になります。

[4] (1)左から順に小さい数字がならぶようにしますが，いちばん左に0がくると10けたの数にならないので，いちばん左は1にして，あとは順に023456789とします。したがって，1023456789になります。
(2)30億に近い数で30億より大きい数は，一億の位以下をなるべく小さい数にすればよいので，3012456789になり，30億との差は，12456789です。30億に近い数で30億より小さい数は，十億の位を2，一億の位以下をなるべく大きい数にすればよいので，2987654310になり，30億との差は，12345690で，こちらのほうが30億に近い数です。答えは2987654310になります。

●15日 30～31ページ

❶ (1)五億七千二百三万千二百九十三
(2)十四億千五百九十二万六千五百三十二
(3)二百五十二億千八万四千三十六

❷ (1)670315238
　(2)3092387342001
　(3)93250732304500
❸ (1)1億3000万　(2)6500億
❹ (1)34500320000
　(2)2003400210003
　(3)1768000000
❺ (1)1000万　(2)1兆5000億
❻ 三億九千八百七十六万五千四百二十一

とき方

❶ 右から4けたずつ区切って万，億の位にします。
　(1)億の位は五，万の位は七千二百三，一の位は千
　　二百九十三なので，五億七千二百三万千二百九
　　十三になります。
　(2)億の位は十四，万の位は千五百九十二，一の位
　　は六千五百三十二なので，十四億千五百九十二
　　万六千五百三十二になります。
　(3)億の位は二百五十二，万の位は千八，一の位は
　　四千三十六なので，二百五十二億千八万四千三
　　十六になります。
❷ (1)億と万に目をつけて，6 7031 5238 とし，
　　この数字をならべると，
　　670315238 になります。
　(2)兆と億と万に目をつけて，
　　3 0923 8734 2001 とし，この数字をな
　　らべると，
　　3092387342001 になります。
　(3)兆と億と万に目をつけて，
　　93 2507 3230 4500 とし，この数字を
　　ならべると，
　　93250732304500 になります。
❸ (1)大きな目もりは1目もり1000万なので答
　　えは，1億3000万になります。
　(2)大きな目もりは1目もり1000億で，小さい
　　目もりは1目もり500億になるので，答えは，
　　6500億になります。
❹ (1)億の位は345，万の位は0032，一の位は
　　0000なので，答えは34500320000にな
　　ります。
　(2)兆の位は2，億の位は0034，万の位は
　　0021，一の位は0003なので，答えは
　　2003400210003になります。

　(3)億の位のひき算は，20−3＝17 より 17 億で
　　す。次に万の位のひき算は，
　　8000−1200＝6800 より 6800 万です。
　　このことから答えは，1768000000 になり
　　ます。
❺ (1)1000万と1億なので，1000万になりま
　　す。
　(2)8兆と1兆5000億なので，1兆5000億に
　　なります。
❻ 4億より小さい数と大きい数で考えます。
　　398765421 と 412356789 があります
　　が，4億との差が小さいのは，398765421
　　です。この数を漢字で表して答えます。

● 16日 32～33ページ

①4.8　②8.4　③3.54　④3.71
❶ 3.6 kg
❷ 0.47 m
❸ 1.53 L
❹ 1.27 kg
❺ 1.57 L
❻ (1)5.1 m　(2)1.35 m
❼ (1)0.45 kg　(2)6.55 kg

とき方

❶ 全体の重さは，たし算で求めます。
　　1.2＋2.4＝3.6(kg)
❷ 2人の差は，ひき算で求めます。
　　3.12−2.65＝0.47(m)
❸ さらに水を入れるので，たし算で求めます。
　　6.8 dL は 0.68 L なので，
　　0.85＋0.68＝1.53(L)
❹ 300 g は 0.3 kg なので，
　　0.3＋1.2−0.23＝1.5−0.23＝1.27(kg)
❺ 0.8＋0.45＋0.32＝1.25＋0.32＝1.57(L)
❻ (1)85 cm は 0.85 m なので，
　　2.8＋1.45＋0.85＝4.25＋0.85＝5.1(m)
　(2)2.8−1.45＝1.35(m)
❼ (1)1950 g は 1.95 kg なので，
　　2.4−1.95＝0.45(kg)
　(2)みかんの重さは，2.4＋1.3＝3.7(kg) になる
　　ので，合計は，
　　2.4＋3.7＋0.45＝6.1＋0.45＝6.55(kg)

● 17日 34〜35ページ

①2.345　②2.871　③1.784　④1.744

1 2.133 L

2 (1)4.615 L　(2)3.232 L

3 (1)34.625 kg　(2)94.055 kg

4 (1)1.445　(2)3.169

5 (1)10.43　(2)0.83

とき方

1 「合わせて何 L になるか」なので，たし算で求めます。
　 1.258+0.875=2.133(L)

2 (1)6−1.385=4.615(L)
　 (2)4.615−1.383=3.232(L)

3 (1)兄は，たかしさんより 2.5 kg 重いので，兄の体重は，
　 32.125+2.5=34.625(kg)
　 (2)妹の体重は，32.125−4.82=27.305(kg) なので，3人の体重の合計は，
　 32.125+34.625+27.305=94.055(kg)

4 (1)8.569−7.124=1.445
　 (2)1.445+1.724=3.169

5 (1)4 つの小数は大きい順に，
　 5.63，4.8，3.125，2.312 になるので，
　 5.63+4.8=10.43
　 (2)3 番目に小さい小数は 4.8 より，
　 5.63−4.8=0.83

● 18日 36〜37ページ

①500　②240　③360　④140　⑤200　⑥8
⑦2800

1 (1)1000−(640+230)=130
　 (2)48÷(5+3)=6

2 (1)式…(3+6)×2，答え…18 cm
　 (2)式…18÷(6+3)，答え…2 dL

3 (1)2000−(1230+510)=260
　 (2)96÷(3+5)=12
　 (3)(1230−530)÷5=140
　 (4)1200÷(8×5)=30

4 (1)15×(6−4)=30
　 (2)48÷(8×2)=3
　 (3)(7+5)×5=60
　 (4)(8−2)×5+7=37

とき方

1 (1)640 円と 230 円を 1 つのかたまりにして，1000 円からひくと 130 円になるので，
　 1000−(640+230)=130
　 (2)大人 5 人と子ども 3 人を合わせて，8 人で 48 このりんごを分けるので，
　 48÷(5+3)=6

2 (1)たて+横 を 1 つのセットにして，これが 2 セットあるので，式は (3+6)×2，答えは 18 cm になります。
　 (2)18 dL の水を 9 人で等しく分けるので，式は 18÷(6+3)，答えは 2 dL になります。

3 (1)1230+510 を 1 つのかたまりと考えます。
　 2000−(1230+510)=260
　 (2000−1230)−510=260 でも式はなりたちますが，この式は ( ) がなくても同じなので，正かいではありません。
　 (2)96÷8 の 8 は，3+5 を 1 つのかたまりとして計算したもので，
　 96÷(3+5)=12
　 (3)1230−530 を 1 つのかたまりと考えます。
　 (1230−530)÷5=140
　 (4)8×5 を 1 つのかたまりと考えます。
　 1200÷(8×5)=30

4 (1)15×6 に ( ) をつけても式はなりたちません。15×2=30 となるので，式がなりたつように ( ) をつけると，
　 15×(6−4)=30
　 (2)48÷8 に ( ) をつけても式はなりたちません。よって正しい式は，48÷(8×2)=3
　 (3)かけ算はたし算より先に計算するので，7+(5×5) は ( ) がなくても同じです。よって正しい式は，(7+5)×5=60
　 (4)8−2 か 2×5 か 5+7 か，それぞれ ( ) をつけてみて，式がなりたつものをさがします。正しい式は，(8−2)×5+7=37

● 19日 38〜39ページ

①8　②3　③3　④5　⑤3

1 (1)式…37×(8+2)，答え…370
　 (2)式…9×(8×125)，答え…9000

2 46800 m

3 (1)式…240×3+80×□=1200,
　　答え…6本
　(2)式…48÷(5+□)+17=23,
　　答え…3
　(3)式…3000÷□+10=310,
　　答え…10 ふくろ

とき方

1 (1)「37×…」の部分が同じなので，38ページのポイントの計算のきまり㋐の式が利用できます。式は，37×(8+2)，答えは，37×10=370 になります。
　(2)8×125=1000 なので，8×9×125=9×(8×125) とします。答えは，9×1000=9000 になります。

2 3600×13 を，1800×2×13 として，18×100×2×13=18×13×200 =234×200=46800(m) として，答えを求めます。

3 (1)式は，240×3+80×□=1200 です。これから，720+80×□=1200 80×□=1200−720 より，80×□=480 となるので，□=480÷80=6 です。答えは 6本になります。
　(2)式は，48÷(5+□)+17=23 です。48÷(5+□)=23−17=6 より，5+□=48÷6=8　□=8−5=3 よって，答えは3になります。
　(3)式は，3000÷□+10=310 です。これから，3000÷□=310−10=300 より，□=3000÷300　□=10 よって，答えは 10ふくろになります。

●20日 40～41ページ

❶ 0.3 m
❷ 0.8 時間
❸ (1)10.52
　(2)13.66
❹ (1)3×(2+7)=27
　(2)(80−45)×6=210
❺ (1)810÷(160−70)=9
　(2)(180−20)×(5+15)=3200
❻ (1)式…(240×5−1000)÷5，答え…40 円

---

　(2)式…(400−20×13)÷7，答え…20 本
❼ (1)式…120×□+80×4=1040,
　　答え…6 まい
　(2)式…(15+□)×6−45=63,
　　答え…3

とき方

❶ 3.2+4.3−7.2=7.5−7.2=0.3(m)
❷ 30分は 0.5 時間として，たし算をします。0.1+0.5+0.2=0.8(時間)
❸ (1)小数第二位までの小数も，小数点の位置をそろえて，整数と同じようにたし算をします。7.38+3.14=10.52
　(2)10.52+3.14=13.66
❹ (1)ひとかたまりになる部分を( )を使って表します。1人3こずつ (2+7) 人がもらうと考えます。
　(2)どちらも6つなので，えん筆1本と消しゴム1 このねだんの差の6倍が 210 円になると考えます。
❺ (1)90 が1つのかたまりです。810÷(160−70)=9
　(2)160 が1つのかたまり，20 が1つのかたまりと考えて，(180−20)×(5+15)=3200
❻ (1)240×5(円) が安くしてくれる前の代金なので，(240×5−1000) は，5さつ分安くしてくれた金がくを表しています。
　(2)4 m のひもから 20 cm のひもを 13 本切りとった長さを，1つのかたまりと考えます。
❼ (1)式は，120×□+80×4=1040 となり，これから，120×□=1040−320=720 となるので，□=720÷120=6(まい) とわかります。
　(2)式は，(15+□)×6−45=63 となり，これから，(15+□)×6=63+45=108 15+□=108÷6=18 となるので，□=18−15=3 とわかります。

●21日 42～43ページ

①㋑　②㋒　③㋕(①，②，③は入れかわってもよい。)　④㋓　⑤㋗(④，⑤は入れかわってもよい。)
1 台形…㋐，㋔，平行四辺形…㋒，㋓

2 (1) 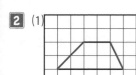 (2)

3 (1)27 こ　(2)9 こ

4 (1) 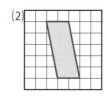 (2)

とき方

1 台形は，向かい合う1組の辺が平行です。平行線をさがして，それが1組なら台形，2組なら平行四辺形です。台形は㋐，㋑，平行四辺形は㋒，㋓になります。

2 (1)それぞれの辺の左はし，右はしどうしをつなぐと台形になります。

(2)上の辺，左の辺とそれぞれ平行に線をひきます。

3 (1)小さい台形は，上のだんに5こ，真ん中のだんに5こ，下のだんに5こで合計15こあります。横に3つの小さい台形がつながった台形は，上のだんに3こ，真ん中のだんに3こ，下のだんに3こで合計9こあります。横に5つの小さい台形がつながった台形は，上，真ん中，下のだんにそれぞれ1こずつで合計3こあります。したがって，全部で 15+9+3=27(こ)になります。

(2)小さい平行四辺形が4こ，横に2つつながった平行四辺形が2こ，たてに2つつながった平行四辺形が2こ，いちばん外側の平行四辺形が1こで，
合計 4+2+2+1=9(こ)になります。

4 4つの頂点がどこにうつるかを考え，それらを線でつなぎます。例えば，上から2目もり，左から2目もりの位置にある点は，上から2目もり，右から2目もりの位置にうつります。

● **22日 44～45ページ**

①8　②70

1 (1)辺 AD…5 cm　辺 CD…4 cm
　(2)角 C…120°　角 D…60°

2 20 cm

3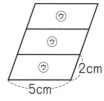

4 (1)44 cm　(2)64 cm　(3)70°

5 (1)10 cm　(2)22 cm

とき方

1 (1)平行四辺形の向かい合う辺の長さは等しいので，辺 AD の長さは5 cm，辺 CD の長さは4 cm になります。

(2)平行四辺形の向かい合う角の大きさは等しいので，角 D の大きさは60°。平行四辺形のとなり合う角の大きさの和は180°なので，角 C の大きさは，180°-60°=120°

2 長さ4 cm の辺と長さ6 cm の辺が2つずつあるので，(4+6)×2=20(cm)

3 右の図のように，間の角が65°となるような3 cmと4 cmのとなり合う2辺をかきます。次に，コンパスで点Aから4 cm，点Cから3 cmの円をかき，交わった点をDとし，点Aと点D，点Cと点Dを結びます。

4 (1)水平な辺の長さが10 cm，ななめの辺の長さが12 cm の平行四辺形になるので，(10+12)×2=44(cm)

(2)水平な辺の長さの合計は，5×8=40(cm)，ななめの辺の長さの合計は，3×8=24(cm)，よって，40+24=64(cm)

(3)1直線の角は180°なので，角㋐は，180°-110°=70°になります。

5 (1)水平な辺の長さは，8-3-2=3(cm)，ななめの辺の長さは，1+1=2(cm)なので，まわりの長さは，(3+2)×2=10(cm)

(2)平行四辺形㋒の水平な辺の長さは，8-3=5(cm)，ななめの辺の長さは，11-7-2=2(cm)です。この平行四辺形をたてに3つつなげると，水平な辺の長さは5 cm，ななめの辺の長さは，2×3=6(cm)になるので，

この図形のまわりの長さは，
(5+6)×2=22(cm) になります。

●23日 46～47ページ

①㋒　②㋕　③㋗(①，②，③は入れかわってもよい。)

[1] ㋒，㋔

[2] ㋐等しい　㋑平行　㋒等しい　㋓対角線

[3] (1)3 cm　(2)角㋑…120°　角㋒…60°

[4] (1)32 cm　(2)64 cm

[5] 30こ

[とき方]

[1] 4つの辺の長さがすべて等しい四角形をさがします。答えは㋒，㋔になります。

[2] [チェックポイント] 右の図のように，対角線は垂直に交わっていますが，ひし形にならない四角形もあります。

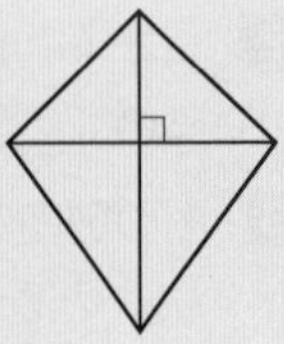

[3] (1)ひし形は，すべての辺の長さが等しいので，㋐の辺の長さは3 cmになります。
(2)ひし形は，平行四辺形のせいしつももっています。となり合う角の和は180°なので，角㋑は，180°−60°=120° になります。角㋒について，ひし形も向かい合う角は等しいので，角㋒は60°になります。

[4] (1)4 cmが8こあるので，4×8=32(cm)
(2)4 cmが16こあるので，4×16=64(cm)

[5] 小さいひし形が16こ，小さいひし形4こでできたひし形が9こ，小さいひし形9こでできたひし形が4こ，小さいひし形16こでできたひし形が1こあるので全部で，
16+9+4+1=30(こ) あります。

●24日 48～49ページ

①㋓　②㋖(①，②は入れかわってもよい。)
③㋑　④㋔(③，④は入れかわってもよい。)
⑤㋒　⑥㋕(⑤，⑥は入れかわってもよい。)
⑦㋐　⑧㋘(⑦，⑧は入れかわってもよい。)
⑨㋗　⑩㋙(⑨，⑩は入れかわってもよい。)

[1] 平行四辺形…㋒　ひし形…㋑　正方形…㋓

[2] ㋐2　㋑等しい　㋒4　㋓角　㋔対角線
㋕平行四辺形　㋖長方形

[3] ㋐90°　㋑70°　㋒3 cm　㋓90°　㋔12 cm

[とき方]

[1] 向かい合う2組の辺が平行な四角形を平行四辺形といいます。4つの辺の長さがすべて等しい四角形をひし形といいます。4つの辺の長さがすべて等しく，4つの角がすべて90°の四角形を正方形といいます。これらのことから，平行四辺形は㋒，ひし形は㋑，正方形は㋓になります。

[2] ひし形は，平行四辺形のせいしつをすべてもっている四角形で，対角線が垂直に交わります。
また，長方形は，平行四辺形のせいしつをすべてもっている四角形で，4つの角がすべて直角です。正方形は，長方形のせいしつとひし形のせいしつを両方とももっています。

[3] ㋐正方形は，ひし形のせいしつももっているので，90°になります。
㋑平行四辺形のとなり合う角の和は180°なので，㋑は，180°−110°=70°
㋔長方形の2本の対角線の長さは等しいので，12 cmになります。

●25日 50～51ページ

❶ (1)イ，ウ，エ，オ (2)エ，オ (3)イ，ウ，エ，オ (4)エ，オ　(5)ウ，オ　(6)ウ，オ

❷ (1)正方形　(2)ひし形　(3)長方形

❸ ㋐70°　㋑110°　㋒4 cm
㋓40°　㋔3 cm　㋕60°

❹ (1)9こ　(2)12こ　(3)6こ

❺ (1)38 cm　(2)84 cm

[とき方]

❶ 台形…向かい合う1組の辺が平行。
平行四辺形…向かい合う2組の辺が平行で，長さが等しい。向かい合う2組の角が等しい。対角線がおたがいを半分に分ける。
ひし形…平行四辺形のせいしつをもっていて，4つの辺の長さがすべて等しく，2本の対角線が垂直に交わる。
長方形…平行四辺形のせいしつをもっていて，2本の対角線の長さが等しく，4つの角がすべて直角になっている。

正方形…長方形のせいしつとひし形のせいしつを両方とももっている。

② (1)２本の対角線の長さが等しいので，長方形です。さらに，対角線が垂直に交わっていて，おたがいを半分に分けているので，ひし形です。つまり，長方形でありひし形でもあるので，正方形になります。

(2)２本の対角線が垂直に交わり，おたがいを半分に分けているので，ひし形になります。

(3)２本の対角線がおたがいを半分に分けているので，平行四辺形です。さらに，対角線の長さが等しいので，長方形になります。

③ ㋐平行線のせいしつから，㋐は 70°

㋑平行四辺形のとなり合う角のせいしつから，㋑は 180°−70°=110°

㋒平行四辺形は，向かい合う辺の長さが等しいので，㋒は 4 cm

㋓ひし形は２本の対角線で，同じ大きさ，同じ形の三角形４つに分けることができるので，㋓は，左上の三角形の上の角度と同じで 40°

㋔ひし形は，４つの辺の長さがすべて等しいので，㋔は 3 cm

㋕長方形の角はすべて直角であることと，平行線のせいしつから，㋕は 60°

④ (1)◇の形が３こ，▱の形が３こ，▱の形が３こで，合計９こになります。

(2)△の形が３こ，△の形が３こ，△の形が３こ，▽の形が１こ，▽の形が１こ，▽の形が１こで，合計 12 こになります。

(3)左の列に２こ，右の列に２こ，下の列に２こで，合計６こになります。

⑤ (1)㋒の 6 cm ではない方の辺は，㋑のひし形とすきまなくならんでいるので，13 cm になります。よって，(13+6)×2=38(cm)

(2)たては，8+13+6+3=30(cm) で，横は 12 cm なので，まわりの長さは，(30+12)×2=84(cm) になります。

●26日 52～53ページ

①月　②気温　③22　④9　⑤6　⑥1

1 ㋑，㋔

2 (1)時こく　(2)25 度

(3)午前 10 時から午後４時までの間

(4)気温…31 度，時こく…午後２時

3 (1)８月で５度　(2)11 月と 12 月の間

とき方

1 １つのもので，時間とともに変化する量(りょう)などは折れ線グラフで表す方がよいものです。

2 (1)たてのじくは気温を，横のじくは時こくを表しています。

(2)グラフより，25 度になります。

(3) 25 度以上の時間をさがします。答えは，午前 10 時から午後４時までの間になります。

(4)グラフより 31 度で，午後２時になります。

3 折れ線グラフより，

(1)月別に，名古屋とパリの気温の差を調べます。２つのグラフの間が広くあいているほど差が大きくなります。差がいちばん大きいのは８月で，５度です。

(2)気温の下がり方がいちばん大きいのは，右下がりの直線のかたむきがいちばん急になっている月と月の間を選びます。答えは，11 月と 12 月の間になります。

●27日 54～55ページ

①11　②1　③時　④10　⑤15　⑥20　⑦25　⑧30　⑨度　⑩1日の気温の変わり方(3月26日調べ)

1 (1)左から順に，1，2，3，4，5，6，7，8，9，10，11，12，月

(2)下から順に，5，10，15，20，25，30，度

(3)グラフに記入してあります。

(4)グラフに記入してあります。

1年間の気温の変わり方（東京）

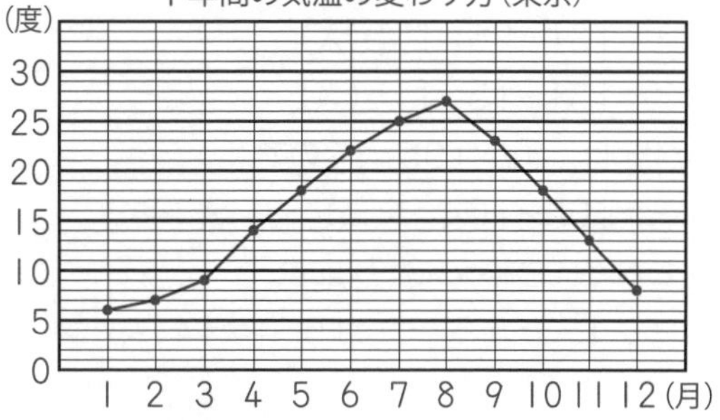

(5)３月と４月の間

(6)８月と９月の間

(7)21 度

[とき方]

[1] (1)横のじくには月をとります。

(2)たてのじくには気温をとります。

(3)それぞれの月の気温を点・でグラフに打ってから，その点を直線で結びます。

(4)表題は，表の上に書いてあります。

(5)気温の上がり方がいちばん大きいのは，右上がりの直線のかたむきがいちばん急になっている月と月の間で，3月と4月の間になります。

(6)気温は，ほとんどが1か月に5度ずつ下がっていますが，8月と9月の間だけは4度しか気温は下がっていません。

(7)気温がいちばん高い月は，8月の27度で，気温がいちばん低い月は，1月の6度です。したがって，その差は，27−6=21(度) です。

●28日 56～57ページ

①1395 ②1037 ③2512

[1] (1)980人 (2)1891人

[2] (1)33人 (2)9人 (3)4人 (4)12人

[3] (1)105人 (2)116人 (3)14人 (4)1人

[とき方]

[1] (1)㋐=3574−2594=980(人)

(2)求める人数は㋑なので，

㋑=2871−980=1891(人)

[2] (1)全体の人数なので，33人

(2)㋔=33−24=9(人)

(3)求める人数は㋐なので，

㋐=9−5=4(人)

(4)求める人数は㋒なので，

㋒=24−12=12(人)

[3] (1)㋕は131人です。求める人数は㋔なので，

㋔=131−26=105(人)

(2)㋓=131−15=116(人)

(3)(4)㋑は，㋔が105人なので，

㋑=105−104=1(人)

これが(4)の答えになります。

㋑が1人だから，㋐=15−1=14(人)

●29日 58～59ページ

①5 ②9 ③3 ④8 ⑤20 ⑥切りきず

[1] (1)右の表

(2)4年

(3)教室

学年とけがをした場所

	校庭	ろう下	教室	合計
4年	3	1	2	6
5年	1	2	4	7
6年	3	4	0	7
合計	7	7	6	20

[2] (1)㋐21 ㋑58 ㋒45 ㋓176

(2)6年 (3)伝記

[とき方]

[1] (1)学年とけがをした場所に注意して，もれや重なりのないように人数を数えていきます。

(2)学年別(べつ)の合計を見ると，いちばん少ないのは，4年になります。

(3)校庭，ろう下，教室それぞれの合計を見ると，いちばん少ないのは，教室です。

[2] (1)㋐=101−56−24=21

(105−56−28=21)

㋑=182−68−56=58

㋒=169−56−68=45

(169−94−28=45)

㋓=450−169−105=176

(24+58+94=176)

(2)すい理小説のらんをたてに見ると，いちばん多い学年は6年になります。

(3)4年のらんを横に見ると，いちばん多いのは，伝記になります。

●30日 60～61ページ

[1] (1)9時と10時の間

(2)15時

[2] (1)

1日の気温の変化

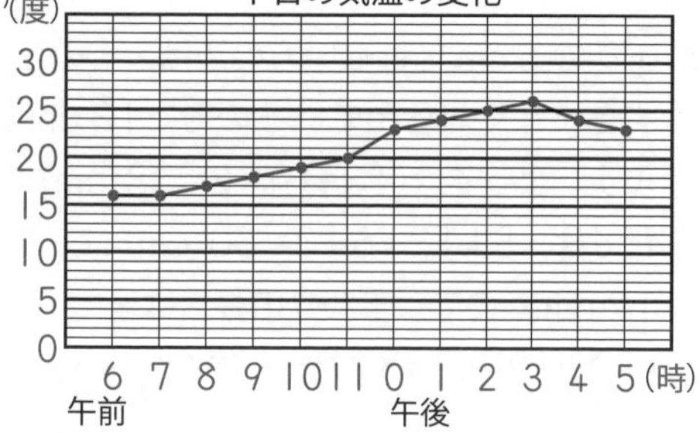

(2) 10度

[3] ㋐8 ㋑14 ㋒15

[4] (1)15人 (2)2人 (3)27人 (4)8人

とき方

1 (1)上がり方が大きいと，右上がりの直線のかたむきが急になるので，9時と10時の間になります。

(2)15時のとき，14−8=6(度)で，差がいちばん大きくなります。

2 (2)26−16=10(度)になります。

3 ㋐は，18−10=8(人)とわかります。また，㋑は，32−18=14(人)になります。表から，ひき算で人数のわからない部分を計算していくと，下の表のようになります。これから㋒は，15人になります。たて，横の合計が正しいことをたしかめておきます。

ネコと犬をかっている人　　　　(人)

ネコ／犬	かっている	かっていない	合　計
かっている	10	8	18
かっていない	5	9	14
合　計	15	17	32

4 下の表は，正かいした問題と点数の関係を表したものです。

点数(点)	0	1	2	3	4	5	6	7
1問目	×	○	×	○	×	○	×	○
2問目	×	×	○	○	×	×	○	○
3問目	×	×	×	×	○	○	○	○
人数(人)	4	1	8	5	2	3	4	6

(1)3問目が正しい人は，4点以上の点をとっている人の合計なので，2+3+4+6=15(人)

(2)3問目だけが正しい人は，4点をとった人なので，2人になります。

(3)1問目か2問目かの，少なくともどちらかが正しい人は，得点で考えると，7，6，5，3，2，1点の人なので，全体の33人から0点と4点の人をのぞいて，33−4−2=27(人)

(4)2問目だけが正しい人は2点の人なので，8人になります。

●進級テスト 62～64ページ

1 (1)220°　(2)45°　(3)85°　(4)40°

2 (1)41日　(2)5週間と6日

3 (1)7人　(2)5こ

4 (1)60330259832　(2)10503620000

5 698754321

6 (1) 8.5　(2) 4.12

7 (1)59−2×(2+8)×2=19

(2)8÷2+2×(5−3)=8

8 式…110×3+140×□=1310,
答え…7こ

9 (1)イ，ウ，エ，オ　(2)エ，オ　(3)ウ，オ

10 88 cm

11 (1)3人　(2)すりきず

とき方

1 (1)1直線の角は180°で，それに40°をたすと㋐になるので，
180°+40°=220°

(2)平行線のせいしつから，図の㋔の角が45°になるので，㋑の角も45°になります。

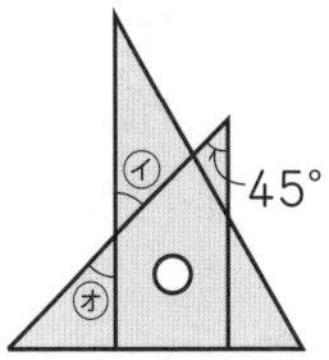

(3)右の図のように，直線Aと直線Bに平行な直線Cをひくと，平行線のせいしつから，
㋒=30°+55°=85°

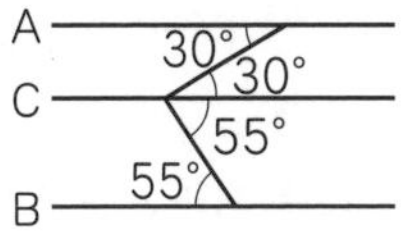

(4)折り返した図形は，同じ角が出てきます。右の図で，70°が2つあるので，㋓の角は，
180°−70°×2=40°

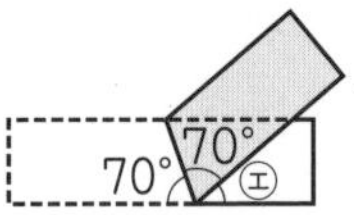

2 (1)284÷7=40(日)あまり4(ページ)なので，残(のこ)りの4ページを読むのに，もう1日必要(ひつよう)だから，40+1=41より，41日で読み終わります。

(2)41÷7=5(週間)あまり6(日)となります。

3 (1)バナナがあと2本あると，ちょうど4本ずつ配ることができるので，人数は，
(26+2)÷4=7(人)になります。

(2)40こでは5こあまるので，(1)より人数は7人だから，1人分は，(40−5)÷7=5(こ)になります。

4 (1)億の位(くらい)は603で，万の位は3025で，一の位は9832なので，これらを順(じゅん)にならべて，答えは，60330259832になります。

(2)億の位は105で，万の位は0362で，一の位は0000なので，これらを順にならべて，

答えは 10503620000 になります。

5 7億より大きい数で，712345689 も7億に
近い数ですが，698754321 の方がより近い
ので，これが答えになります。

6 (1)ある小数を□とおくと，□−3.48＝5.02
より，□＝5.02＋3.48＝8.5 になります。

(2)正しい計算は，8.5−4.38＝4.12 です。

7 (1)かけ算のところは，（ ）があってもなくても
同じなので，59−2 か 2＋8 のどちらかに
（ ）をつけて，式がなりたつか調べます。式が
なりたつのは，59−2×（2＋8）×2＝19 です。

(2)2＋2 か 5−3 のどちらかに（ ）をつけます。
式がなりたつのは，8÷2＋2×（5−3）＝8 の
方です。

8 式は，110×3＋140×□＝1310 となり，
これから，140×□＝1310−330
140×□＝980 より，□＝980÷140＝7 で
す。

9 (1)平行線と角の関係から，向かい合う2組の辺
が平行になるので，答えは，イ，ウ，エ，オで
す。

(2)長方形と正方形のせいしつなので，エ，オです。

(3)ひし形と正方形のせいしつなので，ウ，オです。

◀チェックポイント▶ 正方形は，長方形とひし形の
両方のせいしつをもっています。

10 右の図で，1つの正方形
の太い線の長さは，
6＋6＋4＋4＝20（cm）
で，点線の長さはそれぞ
れ 2 cm なので，まわり
の長さは，

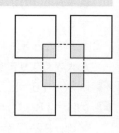

（20＋2）×4＝88（cm）になります。

11 (1)たし算とひき算だけで，下のようにすべての
数字がわかるので，

学年とけがの種類　　　　　（人）

	すりきず	切りきず	打ぼく	合 計
4年生	3	0	1	4
5年生	3	2	0	5
6年生	4	3	2	9
合 計	10	5	3	18

6年生の切りきずは3人になります。

(2)5年生でいちばん多いけがは，5年生のらんを
横に見て，すりきずになります。